Philosophische Herausforderungen der angewandten Ethik und Gesundheitswissenschaften/Philosophical Challenges of Applied Ethics and Health Sciences

Reihe herausgegeben von

Martin Hähnel, Eichstätt, Deutschland

Roland Kipke, Bielefeld, Deutschland

Markus Rothhaar, Hagen, Deutschland

Die Entwicklungen in Medizin, Biotechnologie und Gesundheitswesen werfen zahlreiche ethische Fragen auf. Sie reichen von verbrauchender Embryonenforschung über die gerechte Verteilung medizinischer Ressourcen bis hin zur Sterbehilfe. Diese ethischen Probleme sind nicht nur von hoher gesellschaftlicher Relevanz, sondern sie führen auch erhebliche philosophische Herausforderungen mit sich, die in den gesellschaftspolitischen Diskursen oftmals nicht genügend Beachtung finden. Zum Beispiel: Welche Auswirkungen haben neue bio- und informationstechnologische Entwicklungen (Gene Editing, Big Data etc.) auf das Selbstverständnis des Menschen, auf seine Autonomie und Würde? Wie lässt sich Gerechtigkeit angemessen verstehen? In welchem Zusammenhang stehen Moral, Recht und Politik? Wie lassen sich aktuelle Probleme in der öffentlichen Gesundheitsversorgung (z.B. im Rahmen der Bekämpfung einer Pandemie) angemessen philosophisch reflektieren und ethisch bewerten? Die neue Buchreihe „Philosophische Herausforderungen der angewandten Ethik und Gesundheitswissenschaften" widmet sich insbesondere diesen philosophischen Tiefendimensionen.

Weitere Bände in der Reihe http://www.springer.com/series/16432

Johannes Hattler ·
Johann Christian Koecke
(Hrsg.)

Biopolitische Neubestimmung des Menschen

Menschenwürde und Autonomie

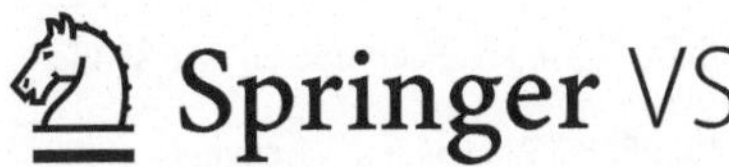 Springer VS

Hrsg.
Johannes Hattler
Lindenthal-Institut
Köln, Deutschland

Johann Christian Koecke
Konrad-Adenauer-Stiftung
Bonn, Deutschland

ISSN 2662-530X ISSN 2662-5318 (electronic)
Philosophische Herausforderungen der angewandten Ethik und Gesundheitswissen-
schaften/Philosophical Challenges of Applied Ethics and Health Sciences
ISBN 978-3-658-28942-3 ISBN 978-3-658-28943-0 (eBook)
https://doi.org/10.1007/978-3-658-28943-0

Die Deutsche Nationalbibliothek verzeichnet diese Publikation in der Deutschen National-
bibliografie; detaillierte bibliografische Daten sind im Internet über http://dnb.d-nb.de abrufbar.

Springer VS ist ein Imprint der eingetragenen Gesellschaft Springer Fachmedien Wiesbaden
GmbH und ist ein Teil von Springer Nature.
Die Anschrift der Gesellschaft ist: Abraham-Lincoln-Str. 46, 65189 Wiesbaden, Germany

Inhalt

Einleitung

Die Allgemeine Erklärung der Menschenrechte und das Grundgesetz der Bundesrepublik Deutschland haben die Menschenwürde als Höchstwert und oberstes Prinzip verankert. Biopolitischen Optimierungen durch den Staat sollte damit eine absolute Grenze gesetzt werden. Die Unbestimmtheit der Menschenwürde hat jedoch in den bioethischen Debatten der letzten Jahrzehnte dazu geführt, dass die Vorrangstellung der Menschenwürde in Frage gestellt wurde oder sich Vertreter entgegengesetzter Positionen beide gleichermaßen auf den Menschenwürdebegriff berufen konnten. So stehen Eugenik und Euthanasie – in liberalem Gewande – als legitime Optionen wieder auf der Tagesordnung. Dies ist einerseits eine Problemanzeige und andererseits der Hinweis darauf, das unterschiedliche Lager unter Würde unterschiedliches verstehen.

Der vorliegende Band, der auf eine gemeinsame Veranstaltung des Lindenthal-Instituts in Köln und der Konrad-Adenauer-Stiftung im November 2017 zurückgeht, diskutiert vorranging das Verhältnis von Menschenwürde und Autonomie als den zentralen Argumentationsgrundlagen dieser Debatte. Dabei wird der Frage nachgegangen, inwieweit es gerechtfertigt ist, den Würdebegriff durch den Autonomiebegriff zu ersetzen bzw. ob der Würdebegriff Aspekte des Autonomiebegriffs integrieren oder ausschließen muss, um dem Grundanliegen der Allgemeinen Erklärung der Menschenrechte und des Grundgesetzes der Bundesrepublik Deutschland gerecht zu werden, ohne Abstriche am Grundsatz der Unverfügbarkeit zu riskieren.

Die veränderte Situation betrifft dabei nicht nur die medizin- und biotechnischen Möglichkeiten, die heute zur Verfügung stehen, und die einer moralischen und rechtlichen Abwägung bedürfen. Der Bürger muss nicht mehr vor einem absoluten Staat geschützt werden. Die Summe der Bürger der liberalen Demokratie ist der Souverän, der nach den Regeln des Marktes und im Interesse der Selbstverwirklichung diese Möglichkeiten in Anspruch nimmt. Ungeachtet dessen stellt sich die Frage nach der Würde uneingeschränkt als Frage nach dem Selbstverständnis des Menschen.

© Springer Fachmedien Wiesbaden GmbH, ein Teil von Springer Nature 2020
J. Hattler und J. C. Koecke (Hrsg.), *Biopolitische Neubestimmung des Menschen*,
Philosophische Herausforderungen der angewandten Ethik und Gesundheitswissenschaften/Philosophical Challenges of Applied Ethics and Health
Sciences, https://doi.org/10.1007/978-3-658-28943-0_1

Die Beiträge behandeln unterschiedliche Aspekte: *Axel W. Bauer* stellt differenziert dar, wie der Autonomiebegriff als zentrales Konzept der gegenwärtigen medizinethischen Debatte auf die Diskurse der 1990er zurückgeht und zeichnet die Entwicklungen in den verschiedenen medizin- und bioethischen Bereichen bis heute nach. *Christian Hillgruber* beleuchtet die gegenwärtig dominante Gleichsetzung von Menschenwürde und Autonomie aus verfassungsrechtlicher Perspektive mit Blick auf die aktuellen Herausforderungen, insbesondere der Debatte um die Zulässigkeit des assistierten Suizids und betont, dass Selbstbestimmung ein Aspekt, aber nicht Kern der Menschenwürde ist. *Marcus Knaup* untersucht die Debatte um den assistierten Suizid und die veränderte Auffassung des Sterbens in Würde als Ausdruck der selbstbestimmten Beendigung des Lebens und weist auf die damit einhergehenden Konsequenzen und sozialen Verschiebungen hin. *Manfred Spieker* diskutiert die Entwicklungen der Reproduktionsmedizin in biotechnologischer, juristischer, politischer und gesellschaftlicher Hinsicht, um abschließend auf die Gefahr einer liberalen eugenischen Gesellschaft hinzuweisen. *Anthony McCarthy* stellt in seinem Beitrag die Frage nach der Rechtfertigung von Abtreibung im Zeitalter künstlicher Gebärmütter, wenn dadurch die Kosten und Risiken für die Frau bei Verpflanzung nicht höher sind als bei Abbruch. Auf Grund er damit einhergehenden Schwächung des Autonomiearguments unterstreicht er die moralische Bedeutung der leiblichen Schwangerschaft. In ihrem Beitrag „Eine bioethische Kartographie von Autonomie" legt *Antje Kapust* die verschiedenen Verwendungsweisen des Autonomiebegriffs in der bioethischen und philosophischen Diskussion dar und folgert, dass die Menschenwürde durch Betonung der Unantastbarkeit bewahrt bleibe müsse. *Martin Hähnel* stellt in seinem Beitrag die Frage, inwieweit die neueren Entwicklungen der Stammzellforschung und der Genomeditierung durch die verschiedenen Theorien der Menschenwürde adäquat adressiert werden können und verteidigt angesichts der Probleme einer bloß molekularbiologischen Betrachtung vorgeburtlichen menschlichen Lebens einen normativen Menschenwürdebegriff. *Johannes Hattler* untersucht das Verhältnis von Würde und Autonomie anhand der verschiedenen philosophischen Interventionen der letzten Jahre gegen die liberale Eugenik um über die Kritik am auf Kant zurückgehenden Autonomiekonzept dessen Unzulänglichkeit darzulegen. Eine philosophische Untersuchung des Autonomiebegriffs anhand der Gegenüberstellung der paternalistischen medizinischen Praxis der Vergangenheit und der modernen autonomiezentrierten Medizinauffassung liefert *Christopher Tollefsen* und schlägt vor, dass gegenüber beiden Übertreibungen eine Balance zwischen Patientenautonomie einerseits und fachlicher Autorität des Arztes anderseits erforderlich ist. *Hans Thomas* argumentiert in seinem Beitrag „Selbstbestimmung: ein biopolitisch fragwürdiges Kriterium – Existenzgrundlage der Medizin ist das ihr inhärente Arztethos" in ähnlicher Weise im Ausgang vom Ethos des Arztes, der auf das Gute für den Patienten verpflichtet ist. Die Überbetonung der Patientenautonomie reduziert den Arzt darauf, bloßer Leistungserbringer zu sein und birgt die Gefahr, die Ärzteschaft der Politik zu unterwerfen.

Die Herausgeber

Autonomie als medizinethischer Zentralbegriff der 1990er Jahre und ihre Verwandlung zum Mantra entgrenzter Biopolitik

Axel W. Bauer

1 Autonomie als Schlüsselbegriff und Passepartout im medizinethischen Diskurs

Die philosophische Idee der Autonomie des Individuums wird in der Regel darauf bezogen, dass jemand eine Person ist, die ihr Leben nach Gründen und Motiven führt, die ihre eigenen sind und nicht etwa Produkte der Manipulation durch andere Menschen oder Resultat äußerer Zwänge.[1] Das Prinzip Autonomie hat darüber hinaus als spezifische Quelle der vernunftgebundenen Sittlichkeit des Menschen in der Philosophie Immanuel Kants (1724-1804) eine überragende Bedeutung, doch kommt ihm auch ein fundamentaler Status im Utilitarismus von John Stuart Mill (1806-1873) zu. Die Autonomie spielt unterschiedliche Rollen im Hinblick auf Personen, auf die Konzeption moralischer Pflichten und Verantwortlichkeiten, auf die Rechtfertigung sozialpolitischer Maßnahmen und auf zahlreiche Aspekte der politischen Theorie.

Die Autonomie bildet den Kern von Kants Konzept der praktischen Vernunft[2]. Der Begriff der moralischen Autonomie bezieht sich bei Kant primär auf die Fähigkeit des Menschen, das als objektiv betrachtete Moralgesetz auf die eigene Person anzuwenden. Andererseits wird das, was heute für gewöhnlich die *Autonomie der Person* genannt wird, als ein Individualrecht aufgefasst, das der ein-

---

1   Zu den folgenden Überlegungen siehe auch: Bauer (2016), 199-211.

2   Hill (1989), 91-105; Dworkin (1988), 121-129

zelne Staatsbürger nicht nur begrenzt auf Fragen der moralischen Pflicht für sich beanspruchen kann.[3]

In der jüngeren Medizinethik hat nun die Autonomie als Thema, häufig in unterschiedlicher Weise kombiniert oder vermischt mit dem Begriff der Selbstbestimmung, seit den 1980er Jahren eine bis heute anhaltende steile Karriere erlebt, nicht zuletzt dank der nachhaltig erfolgreichen Verbreitung der Formel *Respect for Autonomy*, die 1979 als eines von vier ursprünglich gleichberechtigten Prinzipien durch die beiden amerikanischen Bioethiker Tom L. Beauchamp und James F. Childress geprägt und seither in den USA und in Europa in zahllosen Variationen zitiert und rezipiert wurde.[4] In geringerem Umfang trifft dieser publizistische Erfolg auf das ebenfalls in den 1990er Jahren von H. Tristram Engelhardt, Jr. propagierte *Principle of Permission* zu, das der Autor mit dem fundamentalen Recht des Menschen begründete, von anderen „in Ruhe gelassen zu werden."[5] Der amerikanische Bioethiker und Soziologe Paul Root Wolpe sprach schon 1998 von einem „Triumpf" der Autonomie in der amerikanischen Medizinethik.[6] Es lässt sich indessen nicht übersehen, dass dieser äußerliche Triumpf mit einer inhaltlichen Heterogenität und Unschärfe des Begriffs *Autonomie* erkauft wurde; doch womöglich ist das eine Phänomen die unausbleibliche Konsequenz des anderen.

In einem 2016 erschienenen Sammelband über *Autonomie und Vertrauen als Schlüsselbegriffe der modernen Medizin* schlägt der Göttinger Philosoph Holmer Steinfath deshalb eine synonyme Verwendung der Begriffe *Autonomie* und *Selbstbestimmung* vor. Er sieht darin primär ein Abwehrrecht, das Patientinnen und Patienten dazu legitimiere, eine vom Arzt oder vom medizinischen Personal vorgeschlagene Maßnahme abzuwehren.[7] Steinfath weist darauf hin, dass die individuelle Autonomie, von der im Bereich der ärztlichen Praxis, des Medizinrechts und der Medizinethik zumeist die Rede ist, keinesfalls mit Kants abstrakter Konzeption autonomer Prinzipien identifiziert werden dürfe, die der („reinen praktischen") Vernunft entsprängen und so beschaffen seien, dass ihre Befolgung von allen vernünftigen Personen gewollt werden könne[8] – und, so möchte ich ergänzen, geradezu gewollt werden *müsse*. Die Besonderheit des Autonomie-

---

3   Dworkin (1988), 34-47. Siehe dazu auch Christman (2015).
4   Beauchamp (1979)
5   Engelhardt (1996), 288
6   Wolpe (1998), 38-59
7   Steinfath (2016), 15
8   Steinfath (2016), 18

und Selbstbestimmungsdiskurses in der Medizin liegt demgegenüber jedoch darin, dass ein Patient selbstbestimmt dazu berechtigt sein muss, auch einmal etwas anscheinend „Unvernünftiges" zu wollen und diesen seinen Willen gegenüber Ärzten und Pflegenden durchzusetzen, vielleicht mit dem Ziel, dass diese ihn „in Ruhe lassen" sollen.

Die folgende Darstellung möge dazu dienen, anhand eines kursorischen Einblicks in einige an prominenter Stelle im deutschsprachigen Raum veröffentlichte medizinethische Publikationen aus den 1990er Jahren die in dieser Zeit mit den Begriffen *Autonomie* beziehungsweise *Selbstbestimmung* konkret verknüpften Themenfelder genauer zu identifizieren. Auf diese Weise sollen zugleich tragende Elemente zu einer noch ausstehenden Ideengeschichte der Medizin- und Bioethik während jener für die fachliche und institutionelle Entfaltung der Disziplin entscheidenden Dekade beigesteuert werden. Es geht mir dabei weder um Vollständigkeit noch darum, eine mustergültige repräsentative Stichprobe der gesamten einschlägigen Literatur vorzulegen. Das Ziel meiner Ausführungen liegt vielmehr in der Aufgabe, die Vielgestaltigkeit und multiple Verwendbarkeit, aber auch die suggestive rhetorische wie manipulative Kraft des Zentralbegriffs *Autonomie* innerhalb medizinethischer und biopolitischer Debatten aufzuzeigen.

2 Der Beginn des medizinethischen Autonomie-Diskurses in Deutschland um 1990

Bereits am Ende der 1980er Jahre wurde auch in Deutschland der Begriff *Autonomie* gelegentlich schon auf medizinischen Kongressen und in ärztlichen Fachzeitschriften unter ethischen Aspekten aufgegriffen, was damals allerdings noch keineswegs der übliche Standard war. So hatte im Dezember 1988 an der Klinik für Psychiatrie der Marburger Philipps-Universität ein interdisziplinäres Symposium über ethische Aspekte in der Psychiatrie und Psychotherapie stattgefunden, dessen Schwerpunkte die beiden Problembereiche *Autonomie* und *Suizidalität* bildeten. Erst im August 1989, also acht Monate später, erschien im Deutschen Ärzteblatt ein Bericht des Mitveranstalters dieser Tagung. Privatdozent Dr. Karl-Ernst Bühler wies in seinem Beitrag einleitend darauf hin, dass die Ethik als Disziplin den modernen Wissenschaften zwar „hinterherhinke"; sie lasse sich aber von diesen nicht abschütteln: „Infolge der ungeahnten Möglichkeiten der modernen Medizin entwickelte sich stetig, aber unabweisbar ein neuer Zweig der Ethik heraus, die Bioethik. Sie findet in unserem Lande immer mehr Beachtung. Auch in der Psychiatrie entstand vor dem Hintergrund der Euthanasie- und der Eugenik-Problematik zur Zeit des Nationalsozialismus ein Gespür für die ethischen Implikationen des ärztlichen Tuns."[9]

Die referierte Tagung belegt, dass das Thema *Autonomie* schon am Ende der 1980er Jahre vor allem unter dem Aspekt der beschleunigten Lebensbeendigung diskutiert wurde, die aber ihrerseits jede zukünftige Autonomie unmöglich macht. So behandelte der Philosoph Dieter Birnbacher, damals Privatdozent an der Universität Essen, die grundlegende Frage, unter welchen Rahmenbedingungen eine „Freiheit zur Selbsttötung" akzeptiert werden müsse. Seine These dazu lautete, dass paternalistische Verpflichtungen auch in der Medizin ein Ende finden müssten, sobald „Vernunftgründe" eine Handlung, zum Beispiel die Selbsttötung, überzeugend legitimierten. Autonomie wurde von Birnbacher hier als die Fähigkeit zur Präsentation vernünftiger Gründe verstanden.

Einzig durch das unscheinbare Wort „überzeugend" ließ Birnbacher erahnen, dass er in Wirklichkeit ein heteronomes Element in die vorgebliche Autonomie des Betroffenen einführte und diese dadurch geradezu konterkarierte. Denn wann genau eine Begründung überzeugt, entscheidet letztlich ihr Adressat, hier also vornehmlich der Arzt, und nicht der Suizidwillige selbst, der im Gespräch mit dem Adressaten seine Argumente vorträgt. Vernunft und Autonomie präsentierten sich jenseits eines transzendentalphilosophischen Horizonts am Ende des 20. Jahrhunderts nämlich keineswegs mehr als miteinander identische, sondern als eher antagonistische Phänomene. Denn in demselben Maß, in dem die Autonomie als eine dem Patienten intrinsisch zukommende „Freiheit zur eigenen Entscheidung" verstanden wird, trennt sie sich von der strikten Bindung an einen rigiden Vernunftbegriff, der aufgrund rationaler Überlegung letztlich doch nur eine *einzige* richtige Antwort zuließe, die vor dem Urteil des (philosophischen oder medizinischen) Experten bestehen könnte. Löste man diesen Konflikt zugunsten der „vernünftigen" Rationalität auf, nähme der Spielraum für die „freie Wahl" des Suizidenten zugunsten eines klassischen Paternalismus ab; stärkt man hingegen das Selbstbestimmungsrecht des Betroffenen, so dürfen die Ansprüche an die logische Stringenz seiner Gründe nicht allzu hoch angesetzt werden.

Zur selben Zeit wurde die Selbstbestimmung des Patienten in medizinischen Fragen auch von theologischer Seite konfessionsübergreifend behandelt. In der

---

9   Bühler (1989)

1989 publizierten gemeinsamen Erklärung des Rates der Evangelischen Kirche in Deutschland (EKD) und der Deutschen Bischofskonferenz (DBK) *Gott ist ein Freund des Lebens*, die sich mit dem Thema *Sterbebegleitung statt aktiver Sterbehilfe* beschäftigte, wurde die Autonomie als medizinethischer Zentralbegriff zwar noch nicht explizit erwähnt, doch kamen die wesentlichen Elemente der Selbstbestimmung und ihrer Grenzen am Lebensende aus christlicher Perspektive in diesem Text zur Geltung. Christen wünschten und wollten, so hieß es zu Beginn der Erklärung, dass der Betroffene sein Sterben „als die letzte Phase seines Lebens selbst lebt, nicht umgeht und nicht auslässt." Jeder Sterbende sei „als der zu achten, der sein Sterben selbst lebt." Deshalb könne auch beim Sterben eines Menschen alle Hilfe nur Lebenshilfe sein, die ihm darin beistehen wolle, sein körperliches Leid ertragen und den bevorstehenden Tod selbst annehmen zu können. Darin werde sie die Würde des Sterbenden, seine letzte, ihm als Person angehörende Unantastbarkeit, wahren und achten.[10]

Für den Fall der Äußerungsunfähigkeit sah die gemeinsame Erklärung allerdings die Ersetzung der Selbstbestimmung des Sterbenden durch das an dessen wohlverstandenem Interesse orientierte Handeln des Arztes vor, der „wie ein guter Anwalt" vorzugehen habe. Dieser Grundsatz könne im Einzelfall sehr wohl das Unterlassen oder Einstellen medizinischer Eingriffe zur Folge haben, wenn diese – statt das Leben dieses Menschen zu verlängern – nur dessen Sterben verlängern würden.[11] Aus der retrospektiven Distanz von 30 Jahren fällt auf, dass die heute geläufige Patientenverfügung als ein mögliches Instrument der Willensantizipation des Patienten im Jahre 1989 ebenso wenig Erwähnung fand wie die Rechtsfiguren des Bevollmächtigten beziehungsweise des gesetzlichen Betreuers. Der Grund hierfür liegt darin, dass dieses zur Stärkung des Selbstbestimmungsrechts gedachte rechtliche Instrumentarium in Deutschland erst durch das Betreuungsgesetz (BtG) vom 12. September 1990 eingeführt wurde, dessen Bestimmungen am 1. Januar 1992 in Kraft traten.[12]

---

10   Rat der Evangelischen Kirche in Deutschland; Deutsche Bischofskonferenz (1989)

11   Rat der Evangelischen Kirche in Deutschland; Deutsche Bischofskonferenz (1989), Buchstabe a).

12   Gesetz zur Reform des Rechts der Vormundschaft und Pflegschaft für Volljährige (Betreuungsgesetz – BtG) vom 12. September 1990, Bundesgesetzblatt (1990); I: 2002-2027

3 Autonomie und Patientenrechte im internationalen und interkulturellen Kontext

Als ein wichtiges internationales Dokument zum Themenkomplex der Autonomie trat vier Jahre später die Deklaration der Weltgesundheitsorganisation (WHO) über die Förderung der Patientenrechte in Europa in Erscheinung, die auf einer im März 1994 in Amsterdam mit Unterstützung der niederländischen Regierung abgehaltenen Konferenz von 60 Experten aus 36 Staaten ausgearbeitet worden war.[13] Die Konferenz stand am Ende eines langen Vorbereitungsprozesses, durch den das in Kopenhagen ansässige WHO-Regionalbüro für Europa die aufkommende Bewegung zugunsten der Rechte von Patienten stärken wollte. Die Deklaration sollte eine solide Referenz und ein dynamisches Werkzeug zur Verbreitung eines neuen Denkens im Gesundheitswesen bieten.

Der gemeinsame Rahmen zu einer umfassenderen Ausarbeitung und Durchsetzung von Patientenrechten, der hier angestrebt wurde, hatte nach Meinung der WHO nicht allein ethische, sondern ebenso soziale, ökonomische, kulturelle und politische Wurzeln. Das Konzept des Respekts für die Person und für ein gerechtes Gesundheitswesen habe zur Folge gehabt, dass nun ein stärkerer Akzent auf die Förderung individueller Wahlentscheidungen des Patienten und auf die Möglichkeit, diese Wahl ungehindert auszuüben, gelegt werde. Gerade angesichts der steigenden Komplexität des modernen Gesundheitswesens, der zunehmenden Behandlungsrisiken, der Unpersönlichkeit und Enthumanisierung müsse mehr Nachdruck auf die Bedeutung des Individualrechts auf Selbstbestimmung gelegt werden.

Postuliert wurden in der Deklaration unter anderem das Recht auf Selbstbestimmung, das Recht zur vollen Information über den eigenen Gesundheitszustand, aber auch das Recht auf Nichtwissen, die informierte Zustimmung als obligater Voraussetzung jeder medizinischen Intervention sowie der Teilnahme an einer klinischen Patientenvorstellung und der wissenschaftlichen Forschung, das Recht darauf, eine solche Intervention zu verweigern, schließlich das Recht, im Krankheitsfall die Unterstützung der Familie, der Verwandten und Freunde sowie geistlichen Beistand zu erhalten. Gerade das zuletzt genannte, allerdings kaum einklagbare Recht auf mitmenschliche Hilfe aus dem persönlichen Umfeld deutet darauf hin, dass die WHO die elementare Bedeutung und die Unverzichtbarkeit kommunikativer, emotionaler und spiritueller Voraussetzungen für die

---

13   World Health Organization (WHO) (1994)

Entfaltung einer autonomen Entscheidungsfähigkeit des Patienten bereits in der Mitte der 1990er Jahre erkannt hatte, sodass sie die Fähigkeit zur Selbstbestimmung nicht auf ein solipsistisches Monodrama im Kopf des Betroffenen reduziert sehen wollte.

In Westeuropa und in den USA hatte sich seit den 1980er Jahren zunehmend ein ethischer Konsens herausgebildet, wonach der Patient mit dem *Informed Consent* einen Anspruch darauf hat, vom Arzt über Diagnose und Prognose seines Leidens informiert zu werden, um über die ihm angebotene Behandlung selbst entscheiden zu können. Eine 1995 publizierte Studie aus dem multikulturell besiedelten südlichen Kalifornien deckte indessen auf, dass die Realität mit diesem damals zum Teil auch schon rechtlich verankerten Postulat noch längst nicht überall harmonierte. Für diese Untersuchung wurden über 65 Jahre alte Personen aus vier ethnischen Gruppen befragt, ob der Arzt dem Patienten eine infauste Krebsdiagnose mitteilen und wer über lebensverlängernde Behandlungen entscheiden sollte. Befragt wurden jeweils 200 Euroamerikaner, Afroamerikaner, sowie Amerikaner mexikanischer und koreanischer Abstammung.

Von den befragten Euroamerikanern meinten 87 Prozent und von den Afroamerikanern 88 Prozent, dass der Patient die Krebsdiagnose erfahren sollte. Bei den nach Kalifornien eingewanderten Mexikanern meinten das lediglich 65 Prozent, bei den Befragten koreanischer Herkunft sogar nur 47 Prozent. Von den Euroamerikanern wollten 65 Prozent, von den Afroamerikanern 60 Prozent, von den eingewanderten Mexikanern 41 Prozent und von den Koreanern nur 28 Prozent über die Therapie selbst entscheiden. Bei den beiden letztgenannten Gruppen trat an die Stelle des Patienten als der zu Informierende und als Entscheidungsbefugter in weit höherem Ausmaß als bei den anderen Befragten die Familie. Die Autoren der Studie folgerten, dass das Insistieren auf den „modernen" westlichen Auffassungen von Patientenautonomie bei ethnischen Gruppen, die aus anderen kulturellen Kontexten stammen, als eine neue Form des überwunden geglaubten ärztlichen Paternalismus empfunden werden könnte. Ärzte müssten bei der Behandlung von Patienten aus fremden Kulturkreisen deren Werte berücksichtigen und sich darauf einstellen, dass die Familie und nicht unbedingt der Kranke selbst Ansprechpartner sei.[14]

---

14   Blackhall / Murphy / Frank / Michel / Azen (1995)

4   Sterbehilfe als Prüfstein der Autonomie? Konträre Positionen von 1995 bis 2000

„Die Autonomie des Patienten und sein daraus abgeleitetes Selbstbestimmungsrecht spielen in der US-amerikanischen Bioethik eine zentrale Rolle."[15] Mit diesem Satz leitete 1995 der deutsche Medizinethiker Jochen Vollmann, damals Gastwissenschaftler am *Kennedy Institute of Ethics* der *Georgetown University* in Washington, D.C., einen Bericht über den nationalen Bioethik-Kongress in Pittsburgh ein. Doch bereits im folgenden Satz ging es dann um die Frage, wer entscheiden soll, wenn der Patient selbst aufgrund seiner Erkrankung nicht mehr selbstständig entscheiden kann, wie zum Beispiel ein Bewusstloser auf der Intensivstation. Die vier Schwerpunktthemen des Kongresses betrafen 1. Ethikkommissionen und Ethikberatung, 2. Patienten- und Betreuungsverfügungen, 3. die von Präsident Bill Clinton geplante Reform der Krankenversicherung und 4. die Tötung auf Verlangen, in den USA geläufig unter dem Begriff *Physician-assisted dying*.

Es fällt auf, dass bei der Mehrzahl der abgehandelten Themen gerade *nicht* die Selbstbestimmung des Patienten im Mittelpunkt stand, sondern ganz im Gegenteil mehr oder minder fragwürdige Surrogate, bei denen der Natur der Sache nach stets Elemente der Fremdbestimmung eine entscheidende Rolle spielen. Doch bereits Mitte der 1990er Jahre waren unangenehme Gegebenheiten offenbar im medizinethischen Diskurs leichter zu vermitteln und für die am Diskurs Beteiligten akzeptabler zu machen, wenn man ihrer Beschreibung den Begriff *Autonomie* voranstellte. Jochen Vollmann brachte sein Unbehagen gegenüber dem ärztlich assistierten Suizid in den USA mit einem sozialpolitischen Argument zum Ausdruck, indem er schrieb: „Eine Gesellschaft versorgt ihre kranken Mitglieder nicht mit ausreichender medizinischer Versorgung, bietet ihnen aber die rechtliche und medizinische Möglichkeit des Getötetwerdens an! [...] Wird da nicht moralisch etwas auf den Kopf gestellt?"[16] Gut zwei Jahrzehnte später müsste dieselbe Frage auch in den Niederlanden, in Belgien, in der Schweiz und sogar in Deutschland gestellt werden; doch mittlerweile hat sich der medizinethische Mainstream deutlich zugunsten der Sterbehilfe positioniert.

In einem Beitrag aus dem Jahre 1998 ging die Medizinethikerin Stella Reiter-Theil auf die Bedeutung des Gesprächs zwischen Patient und Arzt für die Ent-

---

15   Vollmann (1995)
16   Vollmann (1995), A1362

wicklung und Umsetzung einer selbstbestimmten Entscheidung des Betroffenen im Fall einer Therapiebegrenzung am Ende des Lebens ein. Die Autorin vertrat die These, dass der existenziell betroffene Kranke ein spezifisches Bedürfnis nach argumentativ-kritischer Bewertung der Handlungsoptionen im Gespräch mit dem Arzt an diesen herantrage. Reiter-Theil formulierte ein integratives Modell, das ein vertieftes Verständnis der Abläufe und Probleme im Gespräch zwischen Arzt und Patient ermöglichen sollte.[17] Die Autorin illustrierte diese Gesprächsdimension, die für die Selbstbestimmung des Patienten von entscheidender Bedeutung sei, am Beispiel des Zürcher Strafrechtsprofessors Peter Noll (1926-1982), der im Alter von 56 Jahren an Blasenkrebs gestorben war, nachdem er gegen den Rat seiner Ärzte eine als kurativ geltende Therapie abgelehnt hatte. Dennoch war es Noll offenbar schwergefallen zu akzeptieren, dass die ärztlichen Gesprächspartner seine Entscheidungen kognitiv und emotional nicht nachvollziehen konnten oder wollten.[18] Das von Reiter-Theil vorgestellte Modell *Sprache und Beziehung zwischen Arzt und Patient* sollte dazu dienen, nicht bloß dem „Buchstaben" des *Informed Consent* Genüge zu tun, sondern auch dem „Geist" seiner Begründung im Respekt vor der Selbstbestimmung des Patienten zu entsprechen.[19]

Mit dem historischen Wechsel des Blickwinkels von der traditionellen *Heiligkeit des Lebens* zur modernen *Autonomie* befasste sich der Philosoph Michael Quante 1996 und 1998 ebenfalls anhand des Themas *Sterbehilfe*. Die Brisanz, welche die Debatte gerade bei diesem Thema in den westlichen Industrienationen erreicht hatte, die es zu einem dominierenden gesellschaftlichen Konfliktfeld werden ließ, führte Quante darauf zurück, dass religiöse Vorstellungen einer Unverfügbarkeit des eigenen Lebens nicht mehr allgemeinverbindlich vorausgesetzt werden könnten. An ihre Stelle trete der Wert der Selbstbestimmung, der – aufgefasst als formale Kompetenz von Subjekten zu autonomen Entscheidungen – besser zur individualistischen und pluralistischen Gesellschaft passe.[20] In der Medizin entspreche dieser Wandel der Vorstellung einer Interaktion zwischen autonomem Patienten und Arzt, die sich in der Priorität des Modells der informierten Zustimmung manifestiere. Für Quante lag es auf der Hand, dass angesichts einer solchen Umwertung der Werte sowohl aufseiten der Ärzte wie der

---

17   Reiter-Theil (1998)

18   Reiter-Theil (1998), 77-78. Siehe dazu auch das autobiografische Werk: Noll (1984).

19   Reiter-Theil (1998), 88-89

20   Quante (1996)

Patienten das *Recht* auf einen selbstbestimmten Tod plausibler und vehementer eingefordert werde als unter den Rahmenbedingungen einer paternalistisch orientierten ärztlichen Ethik.[21]

Die Schlussfolgerungen, die Quante zur moralischen Zulässigkeit einer Tötung auf Verlangen durch Ärzte zog, erscheinen aus der Retrospektive des Jahres 2020 beklemmend, nicht zuletzt wegen der aus historischer Sicht unangemessenen Verwendung eines durch die deutsche Geschichte des 20. Jahrhunderts schwer belasteten Terminus, nämlich des „Gnadentodes". Hier zeigt sich beispielhaft, wie leicht eine historisch nicht reflektierte philosophische Ethik entgleisen kann. Quante schrieb: „Die Vorstellung des Gnadentodes oder des Todes als Erlösung sind [*sic!*] sicher auch für das ärztliche Ethos keine inkompatiblen oder fremden Elemente. [...] Intrinsische Begründungen können im Fall des Vorliegens eines autonomen Tötungswunsches [*sic!*] letztlich nur begründen, daß ein Arzt für sich selbst das Recht hat, diesem Ansinnen nicht nachzukommen. Eine generelle intrinsische, sich auf das ärztliche Berufsethos stützende Begründung ist dagegen [...] im Falle der freiwilligen absichtlichen Herbeiführung des Todes nicht plausibel."[22]

Indem also Quante die *Autonomie des Patienten* zum logischen Gegenpol der *Heiligkeit des Lebens* stilisierte, konnte er mittels der schlichten Negierung dieser objektiv metaphysischen Eigenschaft des Lebens die assistierte Selbsttötung und sogar die Tötung auf Verlangen aus ethischer Perspektive als scheinbar legitime Optionen eines „autonom" Handelnden darstellen.

Im Rahmen des damaligen Sterbehilfediskurses in der Schweiz artikulierte der katholische Theologe und Sozialethiker Alberto Bondolfi im Jahr 2000 Unsicherheiten in Bezug auf Eigen- und Fremdverantwortlichkeit beim assistierten Suizid. Noch in den 1990er Jahren wurde von Schweizer Sterbehilfeorganisationen wie etwa *Exit* versucht, die Beihilfe zum Suizid als eine vollständig dem Suizidenten zurechenbare Handlung anzusehen, bei der die helfende Person nur die Bereitstellung der dazu notwendigen Mittel organisierte und sich kaum moralisch mitverantwortlich für den Vollzug der (Selbst-)Tötung fühlen sollte. Nach Bondolfis Auffassung macht sich jedoch diejenige Person, die dem Suizidenten „hilft", entweder dessen Motive und Argumente zu eigen, oder sie meint, die autonom gefallene Entscheidung eines Suizidenten sei im Prinzip immer zu respektieren und unter Umständen auch zu unterstützen. Indessen werde auf diese

---

21 Quante (1998)
22 Quante (1998), 220-221

Weise der tatsächliche Sachverhalt bagatellisiert, indem man die ethische Beurteilung des Suizids und der Beihilfe dazu argumentativ entkopple.[23]

Gleichwohl wehrte sich Bondolfi dagegen, dass Suizidenten *per se* als „heteronom" gesteuerte Menschen gelten sollten und insofern kaum in der Lage wären, den Sinn ihrer suizidalen Tendenzen und Wünsche nachzuvollziehen. Vor allem Personen im Zustand einer Depression seien zwar auch in ihrem Willen ambivalenter und unentschiedener als psychisch Gesunde; diese Feststellung impliziere aber nicht, dass man sie vorschnell alle als urteils- und entscheidungsinkompetent einstufen müsse. Bondolfi stellte die Frage, ob Vertreter und Vertreterinnen von Sterbehilfeorganisationen unmoralisch handelten, wenn sie den Suizidwünschen solcher Personen nachgingen und nachgäben. Seine Antwort war ebenso desillusionierend wie entwaffnend: „Ich muss zugeben, dass ich hier relativ ratlos bin."[24]

Ebenfalls am Ende der 1990er und am Beginn der 2000er Jahre bezog der evangelische Theologe und Sozialethiker Ulrich Eibach aus Bonn beim Thema *Patientenautonomie angesichts des Todes* eine deutliche Gegenposition.[25] Eibach führte die zunehmende Betonung der Selbstbestimmung des Patienten auf eine Individualisierung und Säkularisierung der Lebens- und Wertvorstellungen zurück. Im Zuge dieses Wertewandels werde die Autonomie zum vorherrschenden moralischen und rechtlichen Leitbegriff. Der Begriff *Menschenwürde* reduziere sich inhaltlich fast nur noch auf *Autonomie,* und diese werde immer mehr als eine empirisch feststellbare Entscheidungs- und Handlungsautonomie verstanden, jedoch nicht mehr – wie noch bei Kant – als transempirisches beziehungsweise transzendent(al)es Postulat. Entsprechend werde die Selbstbestimmung zu einem Recht auf absolute Selbstverfügung über das eigene Leben und dessen Beendigung ausgedehnt. Religiöse und metaphysische Auffassungen, in denen der Mensch unter dem Aspekt seiner bleibenden Abhängigkeit von Gott und den Naturbedingungen des Lebens sowie unter dem Aspekt seines Angewiesenseins auf die Zuwendung der Mitmenschen betrachtet wird, würden zunehmend als Widerspruch zur zentralen Forderung nach autonomer Selbstbestimmung empfunden und entsprechend abgelehnt. Die Rechtsprechung sei dieser Entwicklung

---

23   Bondolfi (2000), 263
24   Bondolfi (2000), 266
25   Eibach (1997); Eibach (2002)

gefolgt und habe immer mehr die alleinige Entscheidungsbefugnis des Patienten herausgestellt.[26]

Eibach machte den sich ausbreitenden ethischen Relativismus für die ständige Beschwörung der „Selbstbestimmung" des „mündigen" Patienten mitverantwortlich: Dem Patienten werde die Fähigkeit zugesprochen und dann auch die Pflicht auferlegt, die Entscheidung selbst herbeizuführen, zu der andere sich wegen der ethischen Verunsicherung nicht mehr in der Lage sähen. Weil man nicht mehr zu gemeinsam geteilten Überzeugungen über das finde, was gutes und richtiges Handeln ist, müsse jeder für sich selbst bestimmen, was für ihn gut und richtig sei. Der Autor stellte zudem die Frage, ob es ernsthaft kranken und todkranken Menschen in erster Linie tatsächlich auf die autonome Selbstbestimmung über ihr Leben und ihre autonome Entscheidung über die Art ihrer Behandlung ankomme: „Ist der *autonome* Patient nicht ein weitgehend realitätsfernes theoretisches Konstrukt?" Eine sittliche „Pflicht zum autonomen Patienten" hielt der Verfasser für inhuman.[27] Wie die tatsächliche Entwicklung der letzten beiden Jahrzehnte jedoch gezeigt hat, sind sowohl Medizinethik als auch Politik, Gesetzgebung und Rechtsprechung exakt in jene von Eibach damals kritisierte Richtung unbeirrt weiter vorangeschritten.[28]

5 Die reproduktive Autonomie der Frau und das Lebensrecht des Embryos

Wenn in medizinethischen Zusammenhängen während der 1990er Jahre der Begriff *Autonomie* fiel, dann wurde unter dem positiv konnotierten Mantel dieses Begriffs bereits damals nur allzu oft der Tod im Gepäck mitgeführt. Beim Thema *Autonomie am Lebensende* ging es in der Regel jeweils um eine bestimmte Form von Sterbehilfe, im letzten Jahrzehnt des 20. Jahrhunderts zunächst „nur" um das Unterlassen oder um den Abbruch lebensverlängernder Maßnahmen, später auch um die Tötung auf Verlangen sowie um den assistierten Suizid. Doch auch am Lebensbeginn wurde in dieser Zeit bereits die Autonomie zumindest rhetorisch dann bemüht, wenn es darum ging, ein unerwünschtes Menschenleben gar nicht erst zur Entfaltung gelangen zu lassen.

---

26   Eibach (2002), 1
27   Eibach (2002), 2, 4 und 7
28   Siehe dazu auch Bauer (2017), 219-273

Beispielhaft für diese Begriffsverwendung ist ein Beitrag der Frauenärztin, Geburtshelferin und Psychotherapeutin Ingeborg Retzlaff (1929-2004), die von 1983 bis 1994 Präsidentin der Ärztekammer Schleswig-Holstein war, im Deutschen Ärzteblatt vom 5. Februar 1993. Es ging darin um die sogenannte Abtreibungspille *RU-486*, ein pharmazeutisches Präparat, das in der Lage ist, frühe Schwangerschaften auf rein medikamentöse Weise abzubrechen. Der darin enthaltene Wirkstoff *Mifepriston* ist ein Progesteron-Rezeptorantagonist; seine Einnahme in der Schwangerschaft führt innerhalb von 48 Stunden zum Öffnen des Muttermundes und zur Ablösung der Gebärmutterschleimhaut. Das Mittel hat die höchste Wirkungsrate bei der Einnahme während der ersten 7 Wochen der Schwangerschaft.

Mifepriston wurde in den 1980er Jahren entwickelt. Bereits vor der Zulassung erregte das Präparat Aufsehen: Teile der Frauenbewegung begrüßten die Entwicklung des Wirkstoffes, Abtreibungsgegner liefen Sturm dagegen. Zunächst erfolgte die Zulassung von *Mifepriston*[29] 1988 in Frankreich. Bereits einen Monat nach der Markteinführung musste es aus politischen Gründen jedoch wieder zurückgezogen werden, erst auf ausdrücklichen Wunsch des Gesundheitsministers wurde der Einsatz wieder freigegeben. 1991 folgte die Zulassung in Großbritannien, 1992 in Schweden. Die Zulassung in Deutschland gelang nach langen Debatten erst 1999.

Wenige Monate vor dem damals mit Spannung erwarteten 2. Urteil des Bundesverfassungsgerichts zur Frage der grundgesetzkonformen Ausgestaltung des Schwangerschaftsabbruchs[30] (§§ 218 ff. StGB) vom 28. Mai 1993 schlugen die emotionalen Wellen des kontrovers geführten Diskurses bei diesem Thema hoch. Einerseits, so schrieb Ingeborg Retzlaff, gehe es um die Frage, wieviel Schutzrecht des Staates und der Gesellschaft dem ungeborenen Embryo zukomme und ob dieser Schutz durch das Strafrecht garantiert werden müsse. Andererseits aber „geht es doch genau so sehr um die Frage, wieviel Verantwortung und wieviel autonome Entscheidungsfähigkeit in dieser Frage den betroffenen Frauen zugebilligt werden."[31] Die Autorin prognostizierte, dass in Zukunft für jede Frau die Möglichkeit bestehen werde, postkoital eine Schwangerschaft frühestmöglich abzubrechen, und dies eventuell sogar – abgesehen von der Rezeptur - ohne jede

---

29 Der Handelsname lautet(e) *Mifegyne®*

30 Bundesverfassungsgericht, *Urteil vom 28.05.1993 (Az.: 2 BvF 2/90)*, Karlsruhe (1993), BVerfGE 88, 203 ff., https://www.jurion.de/Urteile/BVerfG/1993-05-28/2-BvF-2_90. Zugegriffen: 25. Januar.2018)

31 Retzlaff (1993), A254

Mithilfe eines Arztes. Man nenne dies schon heute (also im Jahre 1993, Anmer-
kung AWB) „Menstruationsregelung".

Zwar bezog sich die Verfasserin in ihren Ausführungen im Folgenden aus-
drücklich auf die vier Prinzipien medizinethischer Reflexion von Tom L.
Beauchamp und James F. Childress. Doch bedeutete für sie der *Respekt für die
Autonomie der Patientinnen* im vorliegenden Kontext vor allem die Möglichkeit,
völlig unabhängig und in absoluter Privatheit „Konzeptionsverhinderung, Menst-
ruationsregulierung und Frühaborte" durchzuführen, sodass die Frauen in die
Lage versetzt würden, in eigener Verantwortung und unter eigener Regie ihre
Fruchtbarkeit zu regulieren, ohne langfristige Antikonzeptionsstrategien anzuwenden. Es sei wohl diese Utopie der „absoluten Autonomie der Frau" auf diesem Gebiet, die von vielen so heftig bekämpft werde und die für viele eine vollkommene Verschiebung der Weltsicht mit sich bringe, ganz besonders für Män-
ner, denn mehr Autonomie in den Bereichen Sexualität und Fortpflanzung löse
immer Angst aus. Man werde, so sagte Retzlaff voraus, in weiterer Zukunft nicht
umhinkönnen, die Autonomie der Frauen zu respektieren, „wenn sie sich eines
für sie verfügbaren Medikamentes zur Regulierung ihrer Fruchtbarkeit bedienen
können und werden."[32]

Der Autorin gelang es durch den Kunstgriff, den Diskurs ganz auf die Ebene
der angeblich emanzipatorischen Funktion des in Rede stehenden Präparates für
die Rechte der Frau zu lenken, das Problem der damit verbundenen Tötung des
Embryos völlig auszublenden. In der Tat war diese rhetorisch geschickt mit dem
negativ konnotierten Angst-Begriff operierende Darstellung dazu geeignet, die
brachiale Reduzierung von Autonomie auf die pure Willkür potenzieller Anwen-
derinnen der besagten Abtreibungspille zu verschleiern.

Am Ende der 1990er Jahre rückte auch die bis 2011 in Deutschland nach dem
Embryonenschutzgesetz (ESchG) verbotene oder doch jedenfalls nicht ausdrücklich geregelte Präimplantationsdiagnostik (PID) erstmals ins Blickfeld der Medizinethik.[33] Die zum „liberalen" Spektrum des Faches zählende deutsche Medizinethikerin Bettina Schöne-Seifert, die damals am Ethikzentrum der Universität
Zürich tätig war, reflektierte 1999 in einem Zeitschriftenbeitrag über das Verhältnis der PID zur Entscheidungsautonomie der Frau beziehungsweise der (po-
tenziellen) Eltern im Rahmen der Reproduktionsmedizin.[34] Den ethischen Dis-

---

32   Retzlaff (1993), A256
33   Zur Geschichte der PID in Deutschland bis zum Jahr 2011 siehe Bauer (2017), 193-202.
34   Schöne-Seifert (1999), S87-S98

sens beim Thema PID rekonstruierte die Autorin nicht nur als einen Widerstreit zwischen dem Primat elterlicher Autonomie und dem Schutz embryonalen Lebens, sondern auch unter dem grundsätzlichen Aspekt, ob Autonomie überhaupt möglich sei. Dabei gelangte sie zu einer eigenen Definition der Bedingungen für autonome Entscheidungen: Nach Auffassung Schöne-Seiferts, die sich in diesem Kontext insbesondere auf eine Arbeit von Ruth Faden und Tom Beauchamp aus dem Jahre 1986 berief[35], muss eine als autonom zu bezeichnende Entscheidung fünf Bedingungen erfüllen: 1. Kompetenz der entscheidenden Person, 2. Absichtlichkeit der Entscheidung, 3. Freiheit von Zwang oder Optionsmanipulation durch Dritte, 4. Hinreichende Kenntnisse der entscheidenden Person, 5. Authentizität der Entscheidung. Im Fall der PID müsse, so schloss Schöne-Seifert, eine institutionelle Stärkung der Autonomie durch Einführung einer Beratungspflicht, einer kontrollierten Berater-Ausbildung sowie durch psychosoziale Begleitforschung und eine Kommerzialisierungs-Kontrolle angestrebt werden.

6   Am Ende der 1990er Jahre: Die Ökonomie als Gegenspielerin der Autonomie

Eine weitere Facette des inzwischen in den medizinethischen Diskurs eingeführten und dort weitgehend positiv konnotierten Autonomie-Begriffs findet sich am Ende der 1990er Jahre in einer Überschrift des Deutschen Ärzteblattes, in der von einem „Anschlag" auf die Autonomie die Rede war. Hier ging es jedoch nicht um die Selbstbestimmung von Patientinnen und Patienten, sondern vielmehr um die Tarifautonomie im Krankenhaus, die zu diesem Zeitpunkt jedenfalls aus der Sicht der beteiligten Gewerkschaften als bedroht erschien. Die Gesundheitsreform 2000 sei darauf angelegt, so hieß es in dem Artikel vom 10. September 1999, den bisherigen „Dauerausreißer" aus der Ausgabendisziplin, das Krankenhaus, „an die Kandare zu nehmen". Die Auseinandersetzungen um eine tragbare Kompromisslösung in den krankenhausrelevanten Reformbestimmungen hätten zusätzlich das Klima bei den Tarifauseinandersetzungen der Gewerkschaften mit den öffentlichen Arbeitgebern in der Umsetzung krankenhausspezifischer Bestimmungen des Arbeitszeitgesetzes und weiterer arbeitsschutzrechtlicher Vorschriften verschlechtert.[36]

---

35   Faden / Beauchamp (1986)
36   Clade (1999)

Der Autonomie-Begriff hatte am Ende des Jahrzehnts durch seine Verwendung in der Medizinethik ein so hohes Ansehen gewonnen, dass diese Aura sich offenbar auch metaphorisch auf das profane Gebiet berufspolitischer Dispute übertragen ließ. Ein „Angriff auf die Autonomie" – hier die institutionelle Freiheit von Krankenhausverwaltungen und Gewerkschaften bei Tarifverhandlungen betreffend – erzeugte allein als bloßes rhetorisches Stilmittel eine intuitive Abwehrhaltung beim vorwiegend ärztlichen Leserkreis der Zeitschrift. Es dürfte kaum einen besseren Hinweis darauf geben, wie nachhaltig positiv sich der Terminus *Autonomie* mittlerweile in der Medizin etabliert hatte, obwohl – oder vielleicht gerade weil – sein Bedeutungsgehalt diffus und in zahlreichen Nuancen schillernd geblieben war.

Ebenfalls unter wirtschaftlichen Aspekten – und insoweit ein gravierendes ethisches Dilemma des frühen 21. Jahrhunderts antizipierend – betrachtete 1999 die Gesundheits- und Sozialwissenschaftlerin Ellen Kuhlmann das Spannungsfeld zwischen dem rhetorisch stets geforderten *Informed Consent* und der Konflikte vermeidenden Fehlinformation im Rahmen einer empirischen Studie über Patientenaufklärung unter ökonomischen Zwängen. Die von der Autorin erhobenen Befunde waren wenig ermutigend: Das Arzt-Patient-Verhältnis werde zunehmend von ökonomischen Interessen überlagert. Trotz einer mehrheitlichen Präferenz für die wahrheitsgemäße Aufklärung über ökonomische Aspekte dominiere das Bestreben, solche Motive hinter medizinischen Begründungen zu verschweigen. Die ärztliche Informationspolitik weise eine uneinheitliche und für Patienten undurchschaubare Praxis auf.[37] Das offizielle Plädoyer für das Wahrheitsprinzip sei nur solange relativ konsensfähig, wie es nicht mit den realen Interessen, Wünschen und Möglichkeiten von Patienten ebenso wie von Ärzten konfrontiert werde. Die Entscheidungsfindung eines Patienten werde zum Produkt ärztlicher Steuerungs- und Manipulationstaktiken, doch Patienten würden in dem Glauben gelassen, es sei ihre eigene Entscheidung.[38]

7   Der Vorhang zu und alle Fragen offen?

Am Ende seiner epischen Parabel *Der gute Mensch von Sezuan*, die 1943 im Schauspielhaus Zürich uraufgeführt wurde, stellte Bertolt Brecht (1898-1956)

---

37   Kuhlmann (1999), 146-147
38   Kuhlmann (1999), 154, 155, 159. Siehe auch Sulmasy (1995).

die Zuschauer vor eine schier unlösbare Aufgabe, die sich für ihn aus der Enttäuschung über die Unmöglichkeit, in der realen (kapitalistischen) Welt moralisch gut zu handeln, ergab: „Wir stehen selbst enttäuscht und sehn betroffen den Vorhang zu und alle Fragen offen. […] Verehrtes Publikum, los, such dir selbst den Schluss! Es muss ein guter da sein, muss, muss, muss!"[39]

An jene zwischen Resignation und Appell oszillierenden Sätze fühle ich mich beim Blick auf den Autonomie-Diskurs in der Medizin- und Bioethik der 1990er Jahre erinnert. Man darf sicherlich feststellen, dass in den letzten drei Jahrzehnten eine durch diesen philosophisch, vor allem aber juristisch und politisch geprägten Diskurs beförderte Stärkung des Patientenrechts auf Selbstbestimmung stattgefunden hat, die nach einer allzu langen Dominanz des ärztlichen Paternalismus während des 20. Jahrhunderts notwendig geworden war und die ungemein befreiend gewirkt hat. Niemand, der wie ich als Medizinstudierender oder als junger Arzt noch in den 1970er oder den frühen 1980er Jahren sozialisiert wurde, möchte sich selbst oder seine Patienten heute erneut der autoritären Hierarchie und den willkürlichen Launen damaliger (Chef-)Ärzte ausgeliefert sehen, die den Begriff der Selbstbestimmung im Krankenhaus allenfalls auf ihre eigene Person bezogen.

Auf der anderen Seite entfaltet der rhetorische Kult um den Autonomie-Begriff gerade seit den 1990er Jahren in der akademischen Medizinethik eine zunehmende Eigendynamik, deren Beschleunigung bis in die Gegenwart anhält und die nicht ohne Sorge betrachtet werden kann. Während auf der argumentativen Vorderbühne, der *Front of House* im Sinne des Soziologen Erving Goffman (1922-1982), vor allem der positiv konnotierte Begriff *Respekt für die Selbstbestimmung* geradezu obsessiv ins Zentrum der Debatten gerückt wird, geht es hinter den Kulissen, also *Backstage*, häufig darum, den Schutz des menschlichen Lebens im Interesse der biologischen Forschung oder der „reproduktiven Freiheit" von Bürgerinnen und Bürgern einerseits so spät wie möglich beginnen, ihn andererseits aber unter dem Druck demografischer und vermeintlicher ökonomischer Notwendigkeiten eher früh enden zu lassen. Medizin- und Bioethik, die dem Wortsinn nach Bereichsethiken des Heilens beziehungsweise des Lebendigen schlechthin sein sollten, verwandeln sich vor unseren Augen seit einem Vierteljahrhundert allmählich in Disziplinen, die allzu oft den Tod im Gepäck

---

39   Brecht (1964)

haben, dessen vorzeitige Herbeiführung sie auch noch philosophisch zu rechtfertigen suchen.[40]

Auf die Gefahr einer neuen Fremdbestimmung unter dem Deckmantel der Autonomie muss deshalb umso mehr hingewiesen werden, je häufiger mit diesem schillernden Terminus in der Medizinethik jongliert wird. Wie der Philosoph Roland Kipke dargelegt hat, gibt es in der Bioethik bis heute keinen zureichenden Diskurs darüber, aus welchen Gründen Autonomie so wichtig ist und warum wir dazu verpflichtet sein sollen, sie zu achten. Für Kipke „drängt sich der Verdacht auf, dass eine im engeren Sinne moralische Begründungsstrategie, das heißt eine Begründung allein durch moralphilosophische Überlegungen, die auf Anleihen bei einem Konzept des guten Lebens verzichtet, weithin insgeheim für unmöglich gehalten wird und man den Versuch daher lieber unterlässt."[41] Es empfiehlt sich angesichts dieser schwachen Begründungslage umso mehr, im Einzelfall sehr genau zu prüfen, ob überall dort Selbstbestimmung enthalten ist, wo Autonomie postuliert und rhetorisch in Anspruch genommen wird. Zweifel daran sind erlaubt, ja vielleicht sogar geboten.

Literaturverzeichnis

Bauer, A.W. 2016. Der Autonomiebegriff im bioethischen Diskurs der 1990er Jahre. In: Imago Hominis 23: 199-211

Bauer, A.W. 2017. Normative Entgrenzung. Themen und Dilemmata der Medizin- und Bioethik in Deutschland. Wiesbaden: Springer VS

Beauchamp, T. L. / Childress, J. F. 1979. Principles of Biomedical Ethics. [7th Revised Edition (2013)] New York: Oxford University Press

Blackhall, L.J. / Murphy, S.T. / Frank, F. / Michel, V. / Azen, S. 1995. Ethnicity and Attitudes Toward Patient Autonomy. JAMA 274: 820-825

Bondolfi, A. 2000. Beihilfe zum Suizid: grundsätzliche Überlegungen, rechtliche Regulierung und Detailprobleme. In: Ethik in der Medizin 12: 262-268

Brecht, B. 1964. Der gute Mensch von Sezuan. Parabelstück. Frankfurt am Main: Edition Suhrkamp

Bühler, K.-E. 1989. Aggression und Autonomie. Ethische Aspekte in der Psychiatrie und Psychotherapie. In: Deutsches Ärzteblatt 86: A2236

Christman, J. 2015. Autonomy in Moral and Political Philosophy. In: Stanford Encyclopedia of Philosophy. http://plato.stanford.edu/entries/autonomy-moral/. Zugegriffen: 25. Januar 2018

---

40   Bauer (2017), IX-X
41   Kipke (2014), 72

Clade, H. 1999. Krankenhäuser: Anschlag auf Autonomie. In: Deutsches Ärzteblatt 96: A2173

Dworkin, G. 1988. The Theory and Practice of Autonomy. New York: Cambridge University Press

Eibach, U. 1997. Vom Paternalismus zur Autonomie des Patienten? Medizinische Ethik im Spannungsfeld zwischen einer Ethik der Fürsorge und einer Ethik der Autonomie. In: Zeitschrift für medizinische Ethik 43: 215-231

Eibach, U. 2002. Patientenautonomie angesichts schwerer Krankheit und des Todes? Eine empirisch-kritische Betrachtung eines philosophisch-juristischen Postulats. In: Marburg: Institut für Glaube und Wissenschaft. http://www.iguw.de/uploads/media/Patientenautonomie.pdf. Zugegriffen: 25. Januar 2018

Engelhardt Jr., H. T. 1996. The Foundations of Bioethics (2nd Edition). New York/Oxford: Oxford University Press

Faden, R. R., Beauchamp, T. L. 1986. A History and Theory of Informed Consent. Oxford: Oxford University Press

Hill, T. 1989. The Kantian Conception of Autonomy. In The Inner Citadel: Essays on Individual Autonomy. J. Christman (Hrsg.), 91-105. New York: Oxford University Press

Kipke, R. 2014. Autonomie als Element des guten Lebens. Über die Begründung eines zentralen Prinzips in der Medizinethik. In: Autonomie und Macht. Interdisziplinäre Perspektiven auf medizinethische Entscheidungen. R. Anselm, J. Inthorn, L. Kaelin, U. Körtner (Hrsg.), 67-83. Göttingen: Edition Ruprecht

Kuhlmann, E. 1999. Im Spannungsfeld zwischen Informed Consent und konfliktvermeidender Fehlinformation: Patientenaufklärung unter ökonomischen Zwängen. Ergebnisse einer empirischen Studie. In: Ethik in der Medizin 11: 146-161

Noll, P. 1984. Diktate über Sterben & Tod, mit einer Totenrede von Max Frisch. Zürich: Pendo Verlag

Quante, M. 1996. Zwischen Autonomie und Heiligkeit: Ethik am Rande des Lebens. In: Philosophischer Literaturanzeiger 49: 270-294

Quante, M. 1998. Passive, indirekte und direkt aktive Sterbehilfe – deskriptiv und ethisch tragfähige Unterscheidungen? In: Ethik in der Medizin 10: 206-226

Rat der Evangelischen Kirche in Deutschland; Deutsche Bischofskonferenz. 1989. Gemeinsame Erklärung „Gott ist ein Freund des Lebens – Herausforderungen und Aufgaben beim Schutz des Lebens", Gütersloh, Trier. http://www.ekd.de/EKD-Texte/sterbebegleitung_sterbehilfe_4.html. Zugegriffen: 29. August 2016, inzwischen online unter https://www.ekd.de/gottistfreund_1989_vorwort.html. Zugegriffen: 25. Januar 2018.

Reiter-Theil, S. 1998. Therapiebegrenzung und Sterben im Gespräch zwischen Arzt und Patient. Ein integratives Modell für ein vernachlässigtes Problem. In: Ethik in der Medizin 10: 74-90

Retzlaff, I. 1993. RU 486: Angst vor der Autonomie der Frauen? In: Deutsches Ärzteblatt 90: A254-A256

Schöne-Seifert, B. 1999. Präimplantationsdiagnostik und Entscheidungsautonomie. In: Ethik in der Medizin 11: S87-S98

Steinfath, H. 2016. Das Wechselspiel von Autonomie und Vertrauen – eine philosophi-
sche Einführung. In: Autonomie und Vertrauen. Schlüsselbegriffe der modernen
Medizin. H. Steinfath, C. Wiesemann, et al. (Hrsg.), 11-68. Wiesbaden: Springer VS
Sulmasy, D. P. 1995. Managed Care and the New Medical Paternalism. In: Journal of
Clinical Ethics 6: 324-326
Vollmann, J. 1995. Stand der bioethischen Forschung in den USA: Die Autonomie des
Patienten spielt eine zentrale Rolle. In: Deutsches Ärzteblatt 92: A1358-A1362
Wolpe, P.R. 1998. The Triumph of Autonomy in American Medical Ethics. A Sociologi-
cal View. In: Bioethics and Society: Sociological Investigations of the Enterprise of
Bioethics. R. De Vries, J., Subedi (Hrsg.), 38-59. New York: Prentice Hall
World Health Organization (WHO). 1994. A Declaration on the Promotion of Patients'
Rights in Europe. Kopenhagen. http://www.who.int/genomics/public/eu_declaration
1994.pdf. Zugegriffen: 25. Januar 2018

Die Menschenwürde und das verfassungsrechtliche Recht auf Selbstbestimmung – ein und dasselbe?[*]

Christian Hillgruber

1 Einleitung

In der aktuellen politischen Debatte um die Sterbehilfe, oder um es genauer und weniger euphemistisch zu bezeichnen: um die Zulässigkeit eines assistierten Suizids wird von dessen Gegnern wie Befürwortern die grundgesetzliche Garantie der Menschenwürde (Art. 1 Abs. 1 GG) als (vermeintlich) entscheidendes juristisches Argument ins Feld geführt. Für die einen folgt aus der Würde des Menschen die Unverfügbarkeit über das Leben, für die anderen soll sich aus eben dieser Würde im Gegenteil gerade die Freiheit zur Selbsttötung als einem letztem Akt der Freiheitsausübung ergeben, bei dem man sich selbstverständlich auch der Hilfe Dritter bedienen darf. Diese gegensätzlichen, ja diametral entgegengesetzten Deutungen der Menschenwürdegarantie sind zunächst einmal eine grundrechtsdogmatische Problemanzeige; sie verdeutlichen schlaglichtartig, dass es – auch nach 70 Jahren Geltung des GG – bisher nicht gelungen ist, sich darüber zu verständigen, was die „Würde des Menschen", die Art. 1 Abs. 1 GG für unantastbar erklärt und die zu achten und zu schützen aller staatlichen Gewalt aufgegeben wird, eigentlich meint.[1] „[D]er Umgang mit Art. 1 Abs. 1 GG zeichnet sich - gerade im Vergleich zur Interpretation anderer Bestimmungen des Grundrechtsteils des Grundgesetzes – durch auffällige Besonderheiten und Merkwürdigkeiten aus. Keine andere Bestimmung des Grundrechtsteils ist, was ihr Schutzgut angeht, so unbestimmt und vage geblieben. Die Verfassungstheorie

---

[*]   Dies ist die leicht erweiterte Fassung eines Beitrags, der zuerst in der Zeitschrift für Lebensrecht (ZfL) 2015 und im Evangelischen Pressedienst 2015 veröffentlicht worden ist.

1   Siehe dazu näher Goos (2011), 21 ff.

und -dogmatik haben bislang keinen auch nur im Ansatz konsentierten Begriff der Menschenwürde entwickeln können. [...] Es ist eine einmalige Erscheinung der deutschen Grundrechtsdogmatik, dass das Schutzgut einer Staatsfundamentalnorm bzw. Grundrechtsnorm im Unbestimmten bleibt."[2]

Andererseits ist nicht zu verkennen, dass die Gleichsetzung von Menschenwürde und Autonomie im Verfassungsdiskurs gegenwärtig dominiert. Paradigmatisch stehen dafür jene Autoren, die bei ihrer Deutung des ersten Grundgesetzartikels an die Programmschrift „De hominis dignitate" des wieder entdeckten Renaissancehumanisten *Giovanni Pico della Mirandola* anknüpfen, für den die Freiheit, über das eigene Schicksal zu entscheiden, die Würde des Menschen ausmacht.[3]

Picos Anthropologie ist in der Rede über die Würde des Menschen („Oratio de hominis dignitate", 186/87) dargelegt. Dem Menschen als einzigem Wesen habe der Schöpfer die Eigenschaft verliehen, nicht festgelegt zu sein. Daher sei der Mensch „ein Werk von unbestimmter Gestalt". Alle übrigen Geschöpfe seien von Natur aus mit Eigenschaften ausgestattet, die ihr mögliches Verhalten auf einen bestimmten Rahmen begrenzen, und demgemäß seien ihnen feste Plätze zugewiesen. Der Mensch hingegen sei frei in die Mitte der Welt gestellt, damit er sich dort umschauen, alles Vorhandene erkunden und dann seine Wahl treffen könne. Damit werde er zu seinem eigenen Gestalter, der nach seinem freien Willen selbst entscheide, wie und wo er sein wolle: „Wie sind vorbestimmt, das zu sein, was wir sein wollen." Hierin liege das Wunderbare seiner Natur und seine besondere Würde, und insofern sei er Abbild Gottes.[4]

---

2   Nettesheim (2005), 71 (78, 80)

3   Zahlreiche Nachweise bei Goos (2014), 53 (68 ff.)

4   „So nahm er den Menschen als ein Werk unbestimmter Art auf, stellte ihn in die Mitte der Welt und sprach zu ihm wie folgt: 'Dir, Adam, habe ich keinen bestimmten Ort, kein eigenes Aussehen und keinen besonderen Vorzug verliehen, damit du den Ort, das Aussehen und die Vorzüge, die du dir wünschest, nach eigenem Beschluss und Ratschlag dir erwirbst. Die begrenzte Natur der anderen ist in Gesetzen enthalten, die ich vorgeschrieben habe. Von keinen Schranken eingeengt sollst du deine eigene Natur selbst bestimmen nach deinem Willen, dessen Macht ich dir überlassen habe. Ich stellte dich in die Mitte der Welt, damit du von dort aus alles, was ringsum ist, besser überschaust. Ich erschuf dich weder himmlisch noch irdisch, weder sterblich noch unsterblich, damit du als dein eigener, gleichsam freier, unumschränkter Baumeister dich selbst in der von dir gewählten Form aufbaust und gestaltest. Du kannst nach unten in den Tierwesen entarten; du kannst nach oben, deinem eigenen Willen folgend, im Göttlichen neu erstehen.'" Zitiert nach der Übersetzung von Baker (1983), 63-105, 65 f.

Diese, schon von *Jacob Burckhardt* als „eines der edelsten Vermächtnisse der Kulturepoche" der Renaissance gefeierte[5] Sichtweise, nach der die menschliche Würde Ausdruck der stolzen Selbstverherrlichung des Menschen ist, der sich zum Herrn seines eigenen Schicksals gemacht hat, erscheint unter dem Vorzeichen des Selbstbestimmungsparadigmas vielen als die dem modernen Menschen allein angemessene, ist dieser doch nicht länger bereit, schicksalsergeben anzunehmen und zu ertragen, was auf ihn zukommt, sondern will sein Leben selbstherrlich bestimmen, theologisch gewendet: nicht mehr Geschöpf, sondern selbst Schöpfer sein. Gegen die Gleichung Menschenwürde = Autonomie erheben sich aber einige grundlegende verfassungsrechtliche Bedenken, die im Folgenden näher dargelegt werden sollen.

2 Verdopplung des Freiheitsschutzes?

Ein erstes Bedenken ergibt sich aus der Systematik des Grundrechtsabschnitts des Grundgesetzes. Art. 2 Abs. 1 GG – „Jeder hat das Recht auf freie Entfaltung der Persönlichkeit, soweit er nicht die Rechte anderer verletzt und nicht gegen die verfassungsmäßige Ordnung oder das Sittengesetz verstößt." – garantiert in der – durch die Entstehungsgeschichte der Vorschrift bestätigten – Auslegung durch das Bundesverfassungsgericht in ständiger Rechtsprechung eine umfassende Verhaltensfreiheit. Als allgemeines Freiheitsrecht eröffnet Art. 2 Abs. 1 GG jedem Menschen die Möglichkeit der vollständigen Entfaltung der in ihm angelegten Fähigkeiten und Kräfte.[6] Es gibt daher kein Tun oder Unterlassen, das nicht von Art. 2 Abs. 1 GG erfasst wäre und damit prima facie grundrechtlichen Freiheitsschutz genießt.

Vor diesem Hintergrund erscheint die Annahme, dass Art. 1 Abs. 1 GG mit der Garantie der Menschenwürde gleichfalls Autonomie gewährleisten will, nicht sehr plausibel. Juristen pflegen die Anwendungsbereiche und Gewährleistungsgehalte einer in einem systematischen Zusammenhang stehenden Mehrzahl von Rechtssätzen in aller Regel so abzuschichten, dass überflüssige Doppelungen von Normaussagen ebenso vermieden werden wie Widersprüchlichkeiten in den Rechtsfolgen.

---

5   Burckhardt (1860), 354
6   Siehe nur Di Fabio (2001): „Mit der freien Entfaltung der Persönlichkeit schützt Art. 2 Abs. 1 GG den praktischen Selbstentwurf des Menschen nach seinem Willen."

Die eigenständige und ganz bewusst den Freiheits- und Gleichheitsgrundrechten im Grundrechtsabschnitt vorangestellte Garantie des Art. 1 Abs. 1 GG muss daher wohl etwas anderes im Sinn haben als Art. 2 Abs. 1 GG. Damit soll nicht in Abrede gestellt werden, dass es einen Zusammenhang zwischen Menschenwürde und Verhaltensfreiheit gibt, dass es einer rechtlichen Sicherung äußerer Freiheit bedarf, um ein Leben in Würde führen zu können, wie Art. 1 Abs. 2 GG mit seiner Überleitung von der Menschenwürde zu den Grundrechten (Art. 1 Abs. 3 GG) über das Bekenntnis zu unverletzlichen und unveräußerlichen Menschenrechten anerkennt und verdeutlicht. Aber die Menschenwürde als der „Grund der Grundrechte" ist mit diesen, auf ihr beruhenden Grundrechten deshalb nicht einfach inhaltsgleich.

„Selbstbestimmung ist weder Synonym noch ‚Kern' der grundrechtlich geschützten Menschenwürde, sondern allenfalls einer ihrer Aspekte. Die freie, selbstbestimmte, tätige Entfaltung der Persönlichkeit, der souveräne Selbstentwurf und dessen prinzipiell ungehinderte Realisierung sind „darum", um der Menschenwürde willen, grundrechtlich geschützt. Sie sind aber nicht Thema des ersten, sondern des zweiten Grundgesetzartikels, dessen erster Absatz vom Bundesverfassungsgericht in ständiger Rechtsprechung als allgemeine Handlungsfreiheit im umfassenden Sinne gedeutet wird."[7]

Sähe man dies anders, würde sich auch ein Problem bei der Bestimmung der Grenzen dieser Rechtsgarantie ergeben. Der Schutz der allgemeinen Freiheit nach Art. 2 Abs. 1 GG steht unter dem Vorbehalt der Schrankentrias des zweiten Halbsatzes; die Freiheit zu tun und zu lassen, was man will, kann auf gesetzlicher Grundlage, um der Freiheit der anderen willen, aber auch aus Gemeinwohlgründen verhältnismäßige Einschränkungen erfahren; die Menschenwürde dagegen ist nach Art. 1 Abs. 1 GG unantastbar; ihre Achtung und ihr Schutz sind dem Staat unbedingt aufgegeben. Die Schrankendivergenz lässt sich nicht sinnvoll auflösen. Zwar ist es vorstellbar, den Freiheitsschutz durch die Menschenwürdegarantie auf einen Kernbereich der Autonomie zu reduzieren, bei dem mangels gegenläufiger Freiheits- oder Gemeinwohlinteressen die individuelle Freiheit sich definitiv durchsetzt. Doch dafür bedürfte es keiner Hochzonung des Schutzniveaus; dasselbe Resultat würde sich auch bei angenommener Einschränkbarkeit nach Art. 2 Abs. 1 GG ergeben; denn Freiheitseinschränkungen sind danach nur zulässig, soweit sie zur Verfolgung legitimer Zwecke erforderlich sind.

---

7   Goos (2014), 81 f.

Autonomie, d.h. die Willensentschließungs- und Betätigungsfreiheit wird folglich durch Art. 2 Abs. 1 GG geschützt. Art. 1 Abs. 1 GG wiederholt nicht einfach dieses Schutzversprechen, geschweige denn dass diese Bestimmung die Autonomiegewähr verabsolutieren will, indem sie die individuelle Selbstbestimmung für uneinschränkbar erklärt.

3   „Würde des Menschen" – Würde jedes Menschen

Es gibt einen weiteren Einwand gegen die Gleichsetzung von Menschenwürde und Selbstbestimmung, der noch schwerer wiegt.

Wer Vernunftbegabung und Selbstbestimmungsfähigkeit als die entscheidenden Faktoren betrachtet, die die Menschenwürde konstituieren, kann nicht widerspruchsfrei Menschen als würdebegabt erfassen, die über die Eigenschaften noch nicht, nicht oder nicht mehr verfügen, verfolgt also ein Konzept, das, gewollt oder ungewollt, mit innerer Logik exkludiert.

Offen ausgesprochen wird dies selten. Insofern stellt *Paul Tiedemann*, für den „Menschenwürde [...] der Name für das Werturteil [ist], demzufolge dem Menschen [insofern] ein absoluter Wert zukommt, [...] als er sich selbst aus freiem Willen bestimmen kann", eine Ausnahme dar.[8] *Tiedemann* schließt konsequent: Da nicht alle Menschen dazu in der Lage seien, komme Menschenwürde „auch nicht jedem Exemplar der menschlichen Gattung zu".[9] Daraus folge allerdings nicht notwendig, dass mit solchen Menschen – etwa „Menschen, die mit Akephalie geboren werden, Menschen mit schwersten geistigen Behinderungen, die es ihnen nicht ermöglichen, auch nur rudimentär ein Ichgefühl zu entwickeln, oder Menschen, die objektiv unwiederbringlich ins Koma gefallen sind oder bei denen ein persistentes apallisches Syndrom (dauerhaftes Wachkoma) diagnostiziert werden muss"[10] – nach Belieben verfahren werden dürfe. Es sei vielmehr „durchaus möglich, dass andere ethische Prinzipien auf sie Anwendung" fänden, etwa „die Goldene Regel".[11]

Einer solchen Sichtweise, der zufolge Würde nicht allen Menschen zugesprochen werden kann, sondern in ihrer Anwendbarkeit auf freiheits- und damit

---

8   Tiedemann (2006), 84-85
9   Tiedemann (2006), 85
10   Tiedemann (2006), 117
11   Tiedemann (2006), 118

selbstverantwortungsfähige Personen beschränkt bleibt, widerspricht aber offensichtlich dem Schutzzweck der Vorschrift, die in Reaktion auf die Erfahrungen der nationalsozialistischen Gewalt- und Willkürherrschaft gerade einen rechtlichen Schutz davor bereit stellen wollte, dass einzelne Menschen oder ein Gruppe von Menschen noch einmal aus der Rechtsgemeinschaft herausdefiniert werden konnten. Die Würde des Menschen, die Art. 1 Abs. 1 GG für unantastbar erklärt, ist die Würde ausnahmslos jedes Menschen. Ganz in diesem Sinne formuliert das BVerfG: „Menschenwürde ist nicht nur die individuelle Würde der jeweiligen Person, sondern die Würde des Menschen als Gattungswesen. Jeder besitzt sie, ohne Rücksicht auf seine Eigenschaften, seine Leistungen und seinen sozialen Status. Sie ist auch dem eigen, der aufgrund seines körperlichen oder geistigen Zustands nicht sinnhaft handeln kann."[12] Das BVerfG spricht mithin explizit auch Menschen die Würde zu, die keine oder defizitäre Selbstbestimmungsfähigkeit aufweisen.

Die allen Menschen eigene, gleiche Würde kann daher unmöglich jene Freiheitsfähigkeit meinen, die einigen offensichtlich fehlt. Zwar wird geltend gemacht, dass die „Selbstachtung des vernunftbegabten Menschen" sich im „Respekt unter einsichtsfähigen Freien" und der „Achtung der Würde des hilflosen Gattungszugehörigen" gleichermaßen äußere.[13] „Gerade diese terminologische Unterscheidung aber – ‚Respekt' unter einsichtsfähigen Freien einerseits, ‚Achtung der Würde' hilfloser bzw. ‚nicht zur Willensfreiheit fähig[er]' Gattungszugehöriger anderseits – wirft die Frage auf, ob es, wenn man die Würde des Menschen so deutet, nicht doch um zweierlei geht, um „Freie" einerseits, denen Respekt gebührt, weil sie einsichtsfähig sind, und um „Hilflose" andererseits, die einen Anspruch auf Achtung ihrer Würde haben, weil auch sie zur Gattung der potentiell Freiheitsfähigen gehören".[14] Die Achtung, die dabei auch dem Mitglied der menschlichen Gattung noch zuteil wird, der die für sie eigentlichen konstitutiven Eigenschaften nicht aufweist, kann doch letztlich nur eine Schwundform jener Würde sein, die aus der Fähigkeit zu voller Willens- und Handlungsfreiheit resultiert. Sie erscheint eher als mitleidig-gönnerhafte Geste der im Vollbesitz menschlicher Fähigkeiten befindlichen „haves" gegenüber den „have nots", Brosamen, für die, die – je nach Art ihrer defizitären menschlichen

---

12   BVerfG, Entscheidungssammlung, Bd. 87, 209 (228); BVerfG, Entscheidungssammlung, Bd. 115, 118 (152)
13   Di Fabio (2012), 13 (20 f.)
14   Goos (2014), 69

Existenz – entweder so wie erstere immerhin hätte sein könnten oder gar so wie erstere einmal gewesen sind. Gleiche Würde ist etwas anderes.

Ist Art. 1 Abs. 1 GG aber Ausdruck eines anthropologischen Universalismus, dann muss die *conditio humana*, der diese Vorschrift durch ihr Schutzversprechen Rechnung tragen will, in etwas anderem liegen.

4 Die existentielle Gleichstellung aller Menschen als empfindsame, auf ihre Mitmenschen angewiesene leidensfähige, kurz: verletzliche Wesen

Zweifel daran, ob wirklich die menschlichen Fähigkeiten, seine Freiheitsbegabung, als würdebegründendes Moment zu begreifen sind, hatten *Ernst Benda*, den früheren Präsidenten des BVerfG, schon 1985 veranlasst, die Frage aufzuwerfen, „ob es – entgegen der bisherigen Annahme – wirklich der dem Menschen zugemessene, ihn von der unpersönlichen Natur abhebende Geist ist, seine Fähigkeit zu eigenverantwortlicher sittlicher Entscheidung, die seinen Wesen im Kern ausmachen, oder nicht vielmehr seine Unvollkommenheit und Unzulänglichkeit".[15] Dieser in eine Frage gekleidete Ansatz ist mittlerweile vielfältig aufgenommen worden. So spricht *Franz Josef Wetz* treffend von „eine[r] existentielle[n] Gleichstellung aller Menschen als nackte, endliche, leidensfähige Wesen [...], die gedemütigt oder erniedrigt werden können".[16] Was den Menschen zu einem besonders schützenswerten Wesen macht, sei seit jeher weniger seine metaphysische Würdigkeit als vielmehr seine psychische Bedürftigkeit. „In der Sprache der Theologie gesprochen, wäre demnach bei der Bestimmung der Würde weniger das Gewicht auf die Größe und Erhabenheit des Menschen zu legen als vielmehr auf dessen kreatürliche Bedürftigkeit, Not und Hinfälligkeit, wie sie besonders Kindheit, Krankheit und Alter sichtbar machen."[17] Eine solche Deutung auch des verfassungsrechtlichen Begriffs der Würde erlaubte es, den mit der auf sie bezogenen Garantie verbundenen rechtlichen Schutz gerade jenen Menschen zukommen zu lassen, die seiner am meisten bedürfen. Ein solches Verständnis des Rechtsbegriffs der „Menschenwürde" bestünde folglich den sog.

---

15 Benda (1985), 205 (230)
16 Wetz (2005), 218
17 Wetz (2005), 218 f.

„victim test", weil es die verletzlichsten Mitglieder der Gesellschaft in den Würdeschutz einschließt.

Catherine Dupré hat in einem gleichgerichteten Sinne die in den Rechtswissenschaften dominierende autonomiebasierte und autonomielastige Deutung der Würde des Menschen kritisiert; sie werde der Komplexität der Lebenswirklichkeit und -erfahrung realer Menschen nicht gerecht, weil sie diese nur partiell abbilde. Ihr hoher Abstraktionsgrad möge zwar für die philosophische Reflexion anregend sein, mache sie jedoch für einen praktisch umsetzbaren Menschenrechtsschutz ungeeignet: „The highly autonomous subject of rights born with dignity, who goes through his theoretical life, apparently effortlessly asserting his political preferences and living a private family life, does not exist in reality. Real lives are complex and messy, people are not at all born in dignity." Krankheit und Sterben etwa seien keine Abstraktionen, und nur wenige Menschen erlebten ihr Sterben als autonom. Es gelte daher, autonomie-fokussierte Sichtweisen zu überwinden und zu einem ganzheitlich-umfassenden Verständnis der Würde des Menschen zu gelangen, das der Tiefe und Komplexität menschlicher Emotionen und Bedürfnisse gerecht werde. Ihr Verständnis sei daher in zwei „Richtungen" zu öffnen – nach „innen", zur mentalen und emotionalen „Innenwelt" der Person, und nach „außen", hin zu ihrer relationalen Identität und ihren sozialen Bezügen.[18]

Diese Einsichten sind alles andere als neu, aber in einer auf die geistige Dimension des Menschen und seinen Freiheitswillen fixierten und zugleich begrenzten Sichtweise eine Zeit lang aus dem Blick geraten. Schon *Pufendorf* und *Grotius* hatten die Hilflosigkeit des Menschen – imbellicitas – und seinen Geselligkeitstrieb – appetitus societatis – als die menschlichen Grundbefindlichkeiten identifiziert und darauf ihre Naturrechtslehren aufgebaut[19], *Arnold Gehlen* den Menschen in einer allerdings zu Missverständnissen Anlass gebenden Weise geradezu als „Mängelwesen" charakterisiert.[20]

Die innere Befindlichkeit des Menschen wird nicht nur durch seinen freien Willen und Verstand, sondern mindestens ebenso sehr durch seine Gefühle bestimmt, die eine identitätsprägende Bedeutung erlangen können. Statt „cogito ergo sum" könnte mit gleicher, wahrscheinlich noch größerer Berechtigung „sen-

---

18   Dupré (2009), 190 (193 f.)
19   Wetz (2005), 219
20   Gehlen (2009)

tio ergo sum" gesagt werden.[21] Diese innere Befindlichkeit ist für den Menschen nicht weniger wichtig als seine äußere Hülle, aber in hohem Maße verletzlich. Identität und Integrität des einzelnen Menschen sind stets gefährdet. Jeder Mensch kann jederzeit, etwa durch Unfall oder Krankheit, in eine Situation existentieller Angewiesenheit auf andere geraten, aber auch dadurch, dass sich der Staat seiner bemächtigt, physisch wie psychisch. „Menschliche Identität", so formuliert es *Clemens Sedmak*, ist fragil, Quellen innerer Kraft sind anfällig, Interiorität ist zerbrechlich – und diese Fragilität, Anfälligkeit und Zerbrechlichkeit ergeben sich aus der Einheit, die ‚innere' (mentale, psychische, spirituelle) und äußere (materielle, relationale, strukturelle) Dimensionen des Menschseins bilden."[22] Die Einsicht, dass der Mensch in sozialen Bezügen sein Menschsein erfährt und nur so voll entwickeln kann, hat *Dieter Suhr* schon vor Jahrzehnten auf den Begriff der „Entfaltung des Menschen durch den Menschen" gebracht.[23]

5 Die Entscheidung des Parlamentarischen Rates für ein ganzheitliches Verständnis des Menschen und seiner Würde

Im Grundsatzausschuss des Parlamentarischen Rates bestand Einigkeit darüber, dass mit der aufzunehmenden Würdegarantie Bedrohungen für die menschliche Existenz und ihre Entfaltung abgewehrt werden sollten, wie sich in der NS-Zeit realisiert hatten.[24] Man unterschied zwischen der dem Menschen immanenten Würde und den vom Staat zu gewährleistenden Rahmenbedingungen für ein Leben in Würde und verständigte sich darauf, von der „Würde des Menschen" zu sprechen, weil dieser Begriff „klarer, präziser, akzentuierter, schärfer, besser" sei als die ebenfalls vorgeschlagenen Redeweisen von der „Würde des menschlichen Wesens", der „Würde des menschlichen Lebens" oder des „menschlichen Daseins"; denn , so *Helene Weber*: „Dieser Begriff umfasst alles und hebt weder das rein Biologische noch das rein Geistige hervor. Kurz, er ist erschöpfend."

Es ist also kein Zufall, dass Art. 1 Abs. 1 GG von der „Würde des Menschen", und nicht der „Würde der menschlichen Persönlichkeit" spricht, wie dies Art. 100 der Bayerischen Verfassung von 1946 tat („Die Würde der menschlichen

---

21   Siehe dazu Hell (2003)
22   Sedmak (2013), 69
23   Suhr (1976)
24   Siehe zum Folgenden eingehend Goos (2011), 75 ff.; Goos (2014), 73 ff.

Persönlichkeit ist in Gesetzgebung, Verwaltung und Rechtspflege zu achten."). Die darin enthaltene einseitige Betonung der geistigen Dimension – der Bayerische Verfassungsgerichtshof definierte dementsprechend die „Würde der menschlichen Persönlichkeit" als der innere und zugleich soziale Wert- und Achtungsanspruch, der dem Menschen als Träger höchster geistig sittlicher Werte zukomme[25] – wurde von den Vätern und Müttern des Grundgesetzes bewusst vermieden.

In Übereinstimmung damit hat das BVerfG dem Grundgesetz ein Menschenbild entnommen, das „nicht das eines isolierten souveränen Individuums ist", vielmehr von der Gemeinschaftsbezogenheit und -gebundenheit der Person ausgeht, ohne dabei deren Eigenwert anzutasten.[26] Worin aber besteht dieser Eigenwert? In der zweiten Schwangerschaftsabbruchsentscheidung von 1993 hat das BVerfG auch dem ungeborenen menschlichen Leben Würde zugesprochen - und diese Würde an die schiere Existenz geknüpft: „Wo menschliches Leben existiert, kommt ihm Menschenwürde zu (vgl. BVerfGE 39, 1 [41]). Diese Würde des Menschseins liegt *auch* für das ungeborene Leben im Dasein um seiner selbst willen (Hervorhebung von C.H.)."[27]

Dieses „auch" ist bisher nicht hinreichend beachtet worden. Es bedeutet nicht weniger, als dass das BVerfG generell die zu achtende und zu schützende Würde des Menschen „im Dasein um seiner selbst willen" erblickt. Zutreffend formuliert *Pestalozza*: „Unser menschliches Dasein ist ein Wert an sich, ohne Rücksicht auf unser So-Sein. Es gibt, was die Würde anlangt, keinen Mehrwert, keinen Minderwert, keinen Unwert. Jeder gilt, wenn er da ist, gleich viel."[28] Oder mit den Worten des BVerfG: „Jedes menschliche Leben ist als solches gleich wertvoll."[29]

Wenn dem aber so ist, dann ist für in ihren Voraussetzungen anspruchsvolle Würdeverständnisse wie reinen Autonomiekonzeptionen (*Pico dela Mirandola*) verfassungsrechtlich kein Platz. Das Würdeverständnis des BVerfG nimmt den Menschen so, wie er ist, eben häufig schwach, in puncto Selbstbestimmung defizitär, weniger denkend als fühlend. Deshalb scheint für das BVerfG auch weniger Freiheitsschutz als vielmehr geistiger wie körperlicher Integritätsschutz vor-

---

25   BayVerfGH, Entscheidungssammlung, Bd. 1, S. 29 (32); BayVerfGH, Entscheidungssammlung, Bd. 4, S. 51 (57); BayVerfGH, Entscheidungssammlung, Bd. 8, S. 1 (5)

26   BVerfG, Entscheidungssammlung Bd. 4, S. 7 (15 f.)

27   BVerfG, Entscheidungssammlung Bd. 88, S. 203 (252)

28   Pestalozza (1963)

29   BVerfG, Entscheidungssammlung Bd. 115, S. 118 (139) unter Berufung auf Bd. 39, S. 1 (59)

rangiges Thema der Menschenwürde zu sein. Es geht ihm um das Wohl und Wehe jedes einzelnen Menschen. Unsere innere Befindlichkeit lässt sich von unserer leiblichen Existenz nicht ablösen. Sie bilden vielmehr eine untrennbare Einheit, führen eine symbiotische Existenz. Offensichtlich beruht die menschliche Identität wie ihre besondere Verletzlichkeit auf der *Einheit* von *Leib* und *Seele. Die körperliche Existenz – das „Leben" im Sinne des Art. 2 Abs. 2 S. 1 GG – bildet die vitale Basis der Menschenwürde – und verdient eben deshalb besonderen Schutz. Dies gilt aber auch für die anderen, die inneren „Dimensionen* des Menschseins, die insbesondere Schwerkranke und Sterbende als zentral und zugleich als höchst fragil erfahren: das Mentale, das Psychische und das Spirituelle"[30]. Statt einer Fokussierung auf die Autonomie, die in den Grenzsituationen menschlichen Lebens in ihren tatsächlichen Realisierungsbedingungen zumeist prekär ist, brauchen wir ein inklusives, realistischeres und ganzheitliches Verständnis menschlicher Würde. Oder wie mein ehemaliger Assistent *Goos* es formuliert: „As human beings, we all are embodied selves. The fact that we are embodied selves, unique in space and time, constitutes our dignity. As we are embodied selves, dependence, vulnerability and limitations, change, loss and death, messiness, helplessness and uncertainties are no exceptions. They are integral parts of human life. And as they are integral parts of human life, it is essential to integrate them into a contemporary understanding of human dignity as a legal concept."[31]

6 Menschenwürde und Sterben

Was bedeutet all dies nun für die Frage nach einem menschenwürdigen Sterben und die Behandlung eines ernsthaften Todeswunsches eines sterbenskranken Menschen?

Zunächst einmal nur, dass sie sich nicht kurzerhand unter Berufung auf das Selbstbestimmungsprinzip im Sinne eines absoluten Rechts auf den eigenen, selbstbestimmten Tod beantworten lässt. Die Problematik eines menschenwürdigen Sterbens kann und darf nicht auf ein Recht verkürzt werden, den Zeitpunkt und die Modalität des eigenen Todes selbst zu bestimmen. Dies gilt umso mehr, als die Freiheitlichkeit des Todeswunsches unter den als „unwürdig" empfunde-

---

30   Goos (2014), 82
31   Goos (2015)

nen Lebensumständen nicht selten mehr als fraglich ist, der Todeswunsch häufig Ausdruck von Angst, Verzweiflung oder gar einer Depression ist. Auch wenn diese Krankheit die Betroffenen noch nicht ihrer Freiheitsfähigkeit verlustig gehen lässt, so ist ihre Freiheit doch nicht unerheblich eingeschränkt.[32] Dies rechtfertigt dem Grunde nach auch diesem Umstand Rechnung tragende fürsorgerische Eingriffe zum Schutz des Kranken vor sich selbst.[33] Kein Zweifel: Ein verzweifelter, ein depressiv gestimmter Selbstmordkandidat will seinen Tod, weil er ein Weiterleben für sinn- und wertlos hält, „fest davon überzeugt ist, dass alle anderen Handlungsmöglichkeiten für ihn noch unerträglicher wären als die Beendigung seines Lebens".[34] Gleichwohl dürfte auch bei ihm nicht nur eine staatliche Eingriffsermächtigung gegeben sein, sondern der Staat zum Schutz durch Hilfegewährung auch verpflichtet sein. Da die Entscheidung zur Selbsttötung als Verzweiflungstat in einer Situation vermeintlicher Ausweg- und Alternativlosigkeit getroffen worden ist, muss der Staat in Erfüllung der ihn aus Gründen seiner Verpflichtung auf Achtung und Schutz der Menschenwürde für jedes einzelne menschliche Leben treffenden Schutzpflicht[35] Schutzmaßnahmen mit dem Ziel ergreifen, der psychischen Notlage, in der sich der zur Selbsttötung Entschlossene befindet, abzuhelfen. Nur die Verhinderung der Selbsttötung eröffnet die Chance, die dem Selbsttötungswunsch zugrundeliegende Depression zu behandeln und bei dem verhinderten Selbstmörder wieder Lebensmut zu wecken.[36]

Der Schutz des menschlichen Lebens obliegt dabei dem Staat, wie *Udo Di Fabio* ausgeführt hat, „immer aus einem doppelten Grunde, zuvörderst wegen des in Not befindlichen Menschen, aber auch immer objektivrechtlich: Er muss mit dem Eintreten für das Leben und gegen alle Emanationen der Lebensmüdigkeit immer auch eines der höchsten Rechtsgüter der Verfassung sichtbar machen. [...] Einer dem Leben zugewandten freiheitlichen Gesellschaft kann nicht gleichgültig bleiben, wenn Menschen in Verzweiflung oder Verwirrtheit das

---

32 Bauer (2013), 145: „Die Depression schränkt die Wahl- und Handlungsmöglichkeiten stark ein."

33 So wegen der Vulnerabilität und psychischen Labilität auch dieser Suizidenten Feldmann (2012), 498 (514).

34 So Bauer (2013), 159, der es jedoch ablehnt, eine in dieser Überzeugung getroffene Entscheidung „für den an sich selbst beziehungsweise mit Hilfe Dritter vollzogenen Tod" als „frei" anzuerkennen.

35 BVerfG, Entscheidungssammlung Bd. 88, S. 203 (251)

36 Allerdings mag es auch therapieresistente Formen der Depression geben.

eigene Leben und die eigene Gesundheit missachten, sich selbst aufgeben und dabei für andere falsche Signale setzen. Das Grundrecht auf Leben ist auch eine Wertentscheidung für das Leben, für eine lebenbejahende Gesellschaft, die hier entschieden Position bezieht."[37]

Wodurch die „Würde des Menschen" am Lebensende möglicherweise „angetastet" wird, wie sie in dieser Situation „geachtet" werden kann, wovor sie „geschützt" werden muss und wie dies zu geschehen hat, bedarf einer näheren, die äußere wie innere Verletzlichkeit des Menschen gleichermaßen in den Blick nehmenden Betrachtung.

Die Würde des Menschen darf weder in einseitiger Betonung des Autonomiegedankens mit schrankenloser Selbstbestimmung über die Beendigung des eigenen Lebens gleichgesetzt werden noch umgekehrt – ohne Rücksicht auf den konkreten Menschen, um dessen Sterben es geht – rein „objektiv" im Sinne unbedingter Lebenserhaltung bestimmt werden. „Auch dort, wo Psyche und Körper eines Menschen in einem solchen Maße ‚zerrüttet' sind, dass Kommunikation kaum mehr gelingt und Innerlichkeit nur noch zu erahnen ist, weil Bewegungen spärlicher werden, die Mimik starrer, das Mitteilungsbedürfnis schwindet, ist nur der ‚Zugang' zur Würde dieses Menschen ‚verschüttet'– nicht jedoch die Würde selbst. Selbstbestimmung in einem anspruchsvollen Sinne und auch die Selbstkontrolle über Körper und Verstand mögen am Lebensende schwinden und im Sterben an ihr Ende kommen, die Würde nicht. Auch die Empfindungs- und Erlebnisfähigkeit Schwerkranker und Sterbender, am Lebensende mitunter nur noch rudimentär und in ihrer grundlegendsten Form vorhanden, ist als Würde dieser Menschen zu achten und zu schützen."[38]

In erster Linie muss es darum gehen, das physische wie psychische Leiden Sterbenskranker durch Sterbebegleitung so zu minimieren, dass es nicht mehr als schlechthin unerträglich empfunden wird, wodurch in aller Regel allererst der Gedanke an Selbsttötung aufkommt. Für eine Schmerzlinderung, die nur eine der Aspekte ist, darf, wie der BGH zutreffend entschieden hat[39], unter Umständen auch eine dafür unvermeidliche Lebensverkürzung in Kauf genommen werden.

Grundsätzlich muss daran festgehalten werden, dass aus verfassungsrechtlicher Sicht auch das scheinbar kümmerliche oder jämmerliche („Rest"-)Leben

---

37   Di Fabio (2004)

38   Goos (2014), 82 f.

39   BGHSt, Entscheidungssammlung, Bd. 42, S. 301 (305); BGHSt, Entscheidungssammlung, Bd. 46, S. 279 (285)

eines Sterbenden einen Eigenwert hat, weder der Staat noch ein Dritter dem Da- und Sosein eines schwerstkranken, dem Tode geweihten Menschen seinen Eigenwert absprechen darf.

„Die Würde des Menschen ist unantastbar" heißt daher, dass das Leben eines Menschen nicht rechtmäßig mit der Begründung ausgelöscht werden darf, es sei nicht mehr wert, gelebt zu werden. Der Lebensmüde bringt durch seine Entscheidung für den Tod zum Ausdruck: Mein Leben ist es *für mich* nicht mehr wert, weiter gelebt zu werden. Der Dritte, der sich auf seine Bitte hin frei verantwortlich für die Ausführung entscheidet und damit die Letztverantwortung für das Geschehen übernimmt[40], übernimmt auch diese Einschätzung als *externe*: Für diesen Menschen ist es besser, getötet zu werden als weiterzuleben. Sein Leben ist nicht mehr lebenswert.[41] Eine Rechtsordnung aber, die auf der unantastbaren Würde des Menschen, jedes Menschen gründet, die jedem Menschen Wert und Würde zuschreibt, kann die handlungsleitende externe Bewertung eines menschlichen Lebens als „lebensunwert", „nicht mehr lebenswert" unter keinen Umständen akzeptieren. „Die Menschenwürde verlangt, dass dem Leben eines Menschen in jeder Situation ein positiver Wert zuerkannt wird; dies gilt auch für Menschen, denen ein schweres Leiden bevorsteht, deren Leben voraussichtlich nur mehr kurz dauern wird und/oder die im jeweiligen Augenblick ihren eigenen Tod wünschen."[42]

Das schließt grundsätzlich nicht nur die Zulässigkeit einer Tötung auf Verlangen aus, bei der der Dritte, der den Todeswunsch des Getöteten in die Tat umsetzt, das tödliche Geschehen beherrscht, sondern auch die der Selbsttötung mit Hilfe eines Dritten, bei der die Tatherrschaft beim Suizidenten liegt. Denn auch der Gehilfe wirkt an der Zerstörung des Lebens eines – aus seiner Sicht – anderen mit.[43] Sein Tatbeitrag fällt zwar geringer aus. Er vollstreckt nicht den Todeswunsch des Lebensmüden eigenhändig, sondern trägt zu dessen Realisierung durch diesen selbst lediglich bei. Diese unterschiedliche Form der Tatbeteiligung

---

40   Ingelfinger (2004), 225 unter Hinweis auf Roxin (2000), 569

41   Auf die Beweggründe für den Todeswunsch (zu diesem Aspekt Ingelfinger (2004), 228) kommt es strenggenommen gar nicht an. Der Wert, den Art. 1 Abs. 1 S. 1 GG jedem lebenden (!) Menschen zuschreibt, ist schlechterdings unantastbar.

42   Schmoller (2000), 361 (368)

43   Siehe dazu unter Berufung auf ein Positionspapier der CDL (Zeitschrift für Lebensrecht 2012, 47 (51)) Bauer (Fn. 32), S. 133 m. Fn. 30: „Anders als bei anderen Tatbeständen, bei denen Gehilfe und Täter sich gegen dasselbe Rechtsgut wenden, unterscheidet sich beim Suizid das bedrohte Rechtsgut für Täter und Gehilfen grundsätzlich: Der Suizident zerstört sein eigenes Leben, der Gehilfe das Leben eines anderen."

bewirkt im Hinblick auf den Lebensschutz in verfassungsrechtlicher Perspektive aber lediglich einen graduellen, keinen kategorialen Unterschied. Auch der Gehilfe macht sich die Wertung des Lebensmüden, sein Leben sei nicht mehr wert, weiter gelebt zu werden, zu eigen; darin aber liegt eine vom Staat in Erfüllung seiner Schutzpflicht abzuwehrende Missachtung des in der Menschenwürde gründenden Eigenwerts jedes menschlichen Lebens. Der darin zum Ausdruck kommenden Fremdeinschätzung, das Leben eines anderen sei nicht mehr lebenswert, muss der Staat auch dann entgegentreten, wenn sie nicht durch Tötung auf Verlangen, sondern mittels einer Hilfeleistung zur Selbsttötung in die Tat umgesetzt werden soll. Ob es zu dem einen oder anderen Szenario kommt, hängt im Übrigen häufig allein davon ab, ob derjenige, der aus dem Leben scheiden will, noch physisch in der Lage ist, diesen Entschluss, und sei es mit Hilfe Dritter, selbst zu verwirklichen oder sich in die Hand eines Dritten begeben muss, um seinem Leben wunschgemäß ein Ende zu setzen.

Dieses Verbot der Tötung auf Verlangen oder der Beihilfe zum Suizid aus Gründen der Unantastbarkeit der Menschenwürde beansprucht grundsätzlich auch dann Geltung, wenn an der Freiwilligkeit und Ernsthaftigkeit des Todeswunsches des Lebensmüden kein Zweifel besteht und dieses Verbot für den Betroffenen, der zur Selbsttötung außerstande ist, im Ergebnis eine Pflicht zum Weiterleben bedeutet, die ihm die Verfassung grundsätzlich nicht auferlegt.[44]

Was aber gilt, wenn die Palliativmedizin an ihre Grenzen stößt, auch durch palliative Sedierung schwerste Leiden Sterbender nicht ausreichend gelindert werden kann, wie dies nach Einschätzung von Medizinern bei einem einstelligen Prozentanteil aller Sterbenden der Fall sein soll? Ein uneingeschränktes (strafbewehrtes) Verbot der Beihilfe zur Selbsttötung auch in einer solchen Konstellation könnte bei den Sterbenskranken, die nicht ohne Unterstützung durch Dritte ihren Wunsch, aus dem Leben zu scheiden, verwirklichen können, auf einen Zwang zu einem selbst so empfundenen „Qualtod" (*Peter Hintze*) hinauslaufen.[45]

---

44 Das BVerfG hat in der Entscheidungssammlung, Bd. 76, S. 248 (252), weil nicht entscheidungserheblich, offengelassen, ob es einen „verfassungsrechtlich verbürgten Anspruch auf aktive Sterbehilfe durch Dritte" geben kann.

45 Siehe dazu Di Fabio (2014): „Grenzen werden nur dort sichtbar, wo die grundsätzlich zulässige aufgedrängte Lebenserhaltung den Betroffenen Menschen zu einem bloßen Objekt herabwürdigt und ihn in seiner Subjektstellung als frei verantwortlich Handelnden missachtet. Hier sind Grenzfälle denkbar, wo die Gemeinschaft jedenfalls nicht mit Zwangsmitteln der Selbsttötung entgegentreten darf."

Ein umfassendes strafbewehrtes Verbot der Beihilfe zum Suizid, mit dem die Rechtsordnung gegen die Selbsteinschätzung des Lebensmüden um der Menschenwürde willen daran festhält, dass das Leben unter allen Umständen ein erhaltenswertes Gut darstellt, ist jedoch nicht per se unangemessen. Gewiss sind Fälle denkbar, in denen eine Unterstützungshandlung, auch wenn sie gemäß Verfassung als rechtswidrig beurteilt werden muss, in einer dem Selbstmörder und dem Gehilfen gleichermaßen ausweglos erscheinenden Grenzsituation getätigt wird und die Verhängung einer Kriminalstrafe keine adäquate Sanktion darstellt. In solchen Fällen bieten indes das allgemeine Straf- und Strafprozessrecht hinreichende Möglichkeiten, von Strafverfolgung und Strafe abzusehen und damit eine übermäßige soziale Reaktion zu vermeiden.[46]

Selbst wenn man dies anders sieht, wäre es jedenfalls auch in einem solchen Extremfall nicht einfach die Achtung gegenüber der im Todeswunsch zum Ausdruck kommenden Selbstbestimmung, die zu einem anderen Beurteilung dieses Falls zwingt, sondern allein das individuelle, nicht mehr auf ein erträgliches Maß zu reduzierende Leiden eines Menschen, das den Verzicht auf eine strafrechtliche Sanktion der ihm geleisteten Suizidbeihilfe und die staatliche Hinnahme des mit Hilfe eines Dritten erfolgten Vollzugs des Todeswunsches gebietet.

Daran wird noch einmal deutlich, „dass mit Art. 1 Abs. 1 GG nicht eine abstrakte Würde der Menschheit, sondern die Würde des konkreten Menschen geschützt werden sollte".[47] Deshalb verbietet es Art. 1 Abs. 1 Satz 1 GG, Menschen einer Situation auszusetzen, die ihre individuelle Adaptionsfähigkeit übersteigt.[48]

Die Würde auch des sterbenden Menschen zu achten, bedeutet, seine konkrete Lebenssituation in der letzten Phase seines Lebens mit den noch vorhandenen Entfaltungs- und Artikulationsmöglichkeiten wie ihren Beschränkungen wahrzunehmen, dem Sterbenden dabei zu helfen, die eigenen Unzulänglichkeiten und Steuerungsverluste wie auch das bevorstehende Sterben als solches innerlich zu akzeptieren und durchzustehen, dabei Leiden soweit möglich abzumildern. Ein Würdeverständnis, das den Selbstentwurf des Menschen nach seinem Willen in den Mittelpunkt rückt, erschwert genau dies.

Die Selbstbestimmungsfähigkeit des Menschen ist, auch bei bester Gesundheit, an seinem Lebensanfang noch nicht vorhanden, sie entwickelt sich erst

---

46   Vgl. dazu BVerfGE 32, 98, 109 – Gesundbeterfall; 90, 145, 183-185 – Cannabis
47   Goos (2011), 180
48   Goos (2014), 85; Goos (2011), 178-180

allmählich, und sie nimmt im Alter langsam aber sicher wieder ab. Der Mensch ist daher am Anfang wie am Ende seines Lebens auf fürsorgliche Hilfe zur Selbstentfaltung angewiesen. Wer zu sehr auf Selbstbestimmung als vermeintlichem Kern des Menschseins fixiert ist, blendet andere Aspekte des Humanen aus und vermag damit den Wert und die Würde, die Art. 1 Abs. 1 GG jedem Menschen, also auch dem selbstbestimmungsunfähigen, bedingungslos zuspricht, nicht zu erkennen und anzuerkennen. Damit aber wird die Schutzfunktion der Menschenwürdegarantie verfehlt.

Literaturverzeichnis

Baker, D. 1983. Giovanni Pico della Mirandola, 1463-1494. Sein Leben und sein Werk. Dornach: Philosophisch-Anthroposophischer Verlag am Goetheanum

Bauer, A.W. 2013. Todes Helfer. In Sterbehilfe. A. Krause Landt, A.W. Bauer (Hrsg.), 93-170. Waltrop/Leipzig: Manuscriptum

Benda, E. 1985. Erprobung der Menschenwürde am Beispiel der Humangenetik. In Genforschung - Fluch oder Segen. R. Flöhl (Hrsg.), 205-231. München: Schweitzer

Burckhardt, J.1860. Die Cultur der Renaissance in Italien. Ein Versuch. Basel: Schweighauser

Damasio, A.R. 2007. Ich fühle, also bin ich. Die Entschlüsselung des Bewusstseins. Berlin: List

Di Fabio, U. 2001. In: Maunz/Dürig. Grundgesetz. Kommentar, Art. 2 Abs. 1 (Stand: Juli 2001), Rn. 13

Di Fabio, U. 2004. In: Maunz/Dürig. Grundgesetz. Kommentar, Art. 2 Abs. 2 S.1 (Stand: Februar 2004), Rn. 48

Di Fabio, U. 2012. Das mirandolische Axiom. Gegebenes und Aufgegebenes. In Festschrift für K. Stern. M. Sachs, H. Siekmann (Hrsg.). Berlin: Duncker & Humblot

Di Fabio, U. 2014. In: Maunz/Dürig. Grundgesetz. Kommentar, Art. 2 Abs. 2 S.1 (Stand: Juli 2014), Rn. 47

Dupré, C. 2009. Unlocking human dignity. Towards a theory for the 21st century. European Human Rights Law Review 2: 190-191

Feldmann, M. 2012. Neue Perspektiven in der Sterbehilfediskussion durch Inkriminierung der Suizidteilnahme im Allgemeinen? Goltdammer's Archiv für Strafrecht: 489-490

Gehlen, A. 2009 (1.Aufl. 1940). Der Mensch. Seine Natur und seine Stellung in der Welt. Wiesbaden: Aula-Verlag

Goos, C. 2011. Innere Freiheit. Eine Rekonstruktion des grundgesetzlichen Würdebegriffs. Bonn: Bonn University Press

Goos, C. 2014. „Innere Freiheit". Der grundgesetzliche Würdebegriff in seiner Bedeutung für die Begleitung Schwerkranker und Sterbender. In Menschliche Würde und Spiritualität in der Begleitung am Lebensende. Impulse aus Theorie und Praxis, N.

Feinendegen, G. Höver, A. Schaeffer, K. Westerhorstmann (Hrsg.), 53-106. Würzburg: Königshausen & Neumann

Goos, C. 2015. Grandma's Dignity: Technology and the ‚Elderly'. In Human Dignity in Context. D. Grimm, C. Möllers, A. Kemmerer (Hrsg.), 499-508. Baden-Baden: Nomos Verlagsgesellschaft

Hell, D. 2003. Seelenhunger. Der fühlende Mensch und die Wissenschaft vom Leben. Bern: Verlag Hans Huber

Hillgruber, C. 2015. Die Menschenwürde und das verfassungsrechtliche Recht auf Selbstbestimmung – ein und dasselbe? Zeitschrift für Lebensrecht (ZfL) 3: 86-93

Hillgruber, C. 2015. Die Menschenwürde und das verfassungsrechtliche Recht auf Selbstbestimmung – ein und dasselbe? Evangelischer Pressedienst 38: 21-29

Ingelfinger, R. 2004. Grundlagen und Grenzbereiche des Tötungsverbots. Das Menschenleben als Schutzobjekt des Strafrechts. Köln: Carl Heymanns Verlag

Nettesheim, M. 2005. Die Garantie der Menschenwürde zwischen metaphysischer Überhöhung und bloßem Abwägungstopos. Archiv des öffentlichen Rechts 130: 71-113

Pestalozza, C. 1963. Nawiasky, Schweiger, Knöpfle (Hrsg.). Bayerische Verfassung, Loseblattkommentar. 2. Aufl., Art. 100, Rn. 6

Roxin, C. 2000. Täterschaft und Tatherrschaft. Berlin: De Gruyter

Schmoller, K. 2000. Lebensschutz bis zum Ende? Strafrechtliche Reflexionen zur internationalen Euthanasiediskussion. Österreichische Juristen-Zeitung 55: 361-377

Sedmak, C. 2013. Innerlichkeit und Kraft. Studie über epistemische Resilienz. Freiburg im Breisgau: Verlag Herder

Suhr, D. 1976. Entfaltung der Menschen durch die Menschen. Zur Grundrechtsdogmatik der Persönlichkeitsentfaltung, der Ausübungsgemeinschaften und des Eigentums. Berlin: Dunker & Humblot

Tiedemann, P. 2006. Was ist Menschenwürde? Eine Einführung. Darmstadt: WBG

Wetz, F.J. 2005. Illusion Menschenwürde. Aufstieg und Fall eines Grundwerts. Stuttgart: Klett-Cotta

Vom Sterben in Würde

Marcus Knaup

I.

Die Frage, was ein gutes Sterben ausmachen könnte, ist ein sensibles Thema und wird gesellschaftspolitisch kontrovers diskutiert. Hier begegnet einem ebenso die Berufung auf die „Würde" des Menschen, woraus ganz unterschiedliche Konsequenzen gezogen werden, wie die Berufung auf die „Selbstbestimmung" eines Menschen gerade auch in der letzten Phase seines Lebens.[1]

Diskutiert wird z.B., ob auch ein Suizid ein *würdiges Sterben* sein kann, um der Aussichtslosigkeit und der leidvollen Situation zu entgehen: „Heute ist der Tag, den ich gewählt habe, um angesichts meiner unheilbaren Krankheit mit Würde dahinzuscheiden, dieser schreckliche Gehirntumor, der so viel von mir genommen hat [...] aber der so viel mehr genommen hätte"[2], so schrieb die 29-jährige Brittany Maynard auf ihrer Facebook-Seite. Am 01. Nov. 2014 nahm sie sich das Leben. Sie hatte Krebs im Endstadium und war gemeinsam mit ihrer Familie von Kalifornien nach Oregon umgesiedelt, wo der ärztlich assistierte Suizid durch den *Oregon Death with Dignity Act* (*Gesetz des Staates Oregon über Sterben in Würde*) gesetzlich geregelt ist. Die Anteilnahme am Schicksal der jungen Amerikanerin war auch in Deutschland groß. Ihre persönliche Entscheidung und noch mehr die öffentliche Ankündigung ihres Todes wurden kontrovers diskutiert.

Es wird in dem Zusammenhang auch debattiert, ob Dritte einem Menschen bei der Selbsttötung helfen dürfen, wenn dieser es verlangt und selbst dazu nicht mehr in der Lage ist. Dem deutschen Rechtsphilosophen Norbert Hoerster geht

---

1 Siehe hierzu auch Hoffmann / Knaup (2015).

2 Zit. nach: http://www.welt.de/newsticker/dpa_nt/infoline_nt/brennpunkte_nt/article1339249 77/Todkranke-Amerikanerin-Brittany-Maynard-nimmt-sich-das-Leben.html. Zugegriffen: 04. März 2018.

© Springer Fachmedien Wiesbaden GmbH, ein Teil von Springer Nature 2020
J. Hattler und J. C. Koecke (Hrsg.), *Biopolitische Neubestimmung des Menschen*,
Philosophische Herausforderungen der angewandten Ethik und Gesundheits-
wissenschaften/Philosophical Challenges of Applied Ethics and Health
Sciences, https://doi.org/10.1007/978-3-658-28943-0_4

es nicht nur um eine Tötung auf Verlangen. Vielmehr will er Situationen in den Blick nehmen, in denen Menschen nicht mehr das Verlangen artikulieren können, sterben zu wollen. Wenn man „mit an Sicherheit grenzender Wahrscheinlichkeit" davon ausgehen könne, dass der Betroffene den Wunsch äußern würde, wenn er physisch dazu in der Lage wäre, sei auch aktive Sterbehilfe zulässig.[3] Man müsse mit einer solchen Annahme „sehr vorsichtig" sein. Grundsätzlich spreche aber nichts dagegen, und es sei vielmehr „ganz inhuman, dem Betroffenen von vornherein jede Sterbehilfe zu verweigern"[4]. Ebenso sei erwähnt, dass ein katholischer Orden in Belgien im September 2017 seine Position bekräftigt hat, in den eigenen Krankenhäusern aktive Sterbehilfe für Menschen mit einer psychischen Erkrankung im nicht-terminalen Stadium nicht mehr grundsätzlich auszuschließen.[5] Es ginge schließlich um ein *Sterben in Würde*.[6] Deutlich wird

---

3   Vgl. Hoerster (2009).

4   Hoerster (1998), 70.

5   Hierzu der Bericht von *Radio Vatikan*: http://de.radiovaticana.va/news/2017/10/02/sterbehilfe-streit_in_belgien_vatikan_gibt_orden_letzte_cha/1340310. Zugegriffen: 04. März 2018.
     Bei einer Tagung der neu von Papst Franziskus formierten *Akademie für das Leben* wurde im November 2017 u.a. auch ein Euthanasie-Befürworter eingeladen. Siehe hierzu folgende Kritik der *John Paul II Academy For Human Life And The Family*: https://www.corrispondenza romana.it/wp-content/uploads/2018/02/JAHLF-on-PAV-declaration.pdf. Zugegriffen: 04. März 2018.

6   Dass auch Gewalt gegen sich keineswegs schon per se legitim ist (Augustinus formuliert das folgendermaßen: „Denn auch wer sich selbst tötet, tötet nichts anderes als einen Menschen." Augustinus: *De civitate Dei* I, 20) scheint in der Theologie nicht mehr selbstverständlich zu sein. Der Freiburger Fundamentaltheologe Magnus Striet, der immer wieder betont, seine Zunft, die Theologie, könne nicht „hinter Kant" zurück und den Begriff Freiheit gebetsmühlenartig im Munde führt, stimmt im Hinblick auf die Frage nach dem Suizid bezeichnenderweise nicht mit diesem überein. Hier müsse man „über Kant hinaus" denken (Striet (2015), 99 ff.); der Königsberger sei in dieser Sicht nur ein Kind seiner Zeit gewesen (vgl., ebd. 101). „[W]enn Gott dem Menschen das größte Geschenk gemacht hat, das er diesem geben konnte, frei zu sein, dann hat er diesem auch die Möglichkeit gegeben, sich frei dazu zu bestimmen, das Leben zu beenden – es zurückzugeben in die Hände dessen, der es geschenkt hat." (Ebd., 105). Dass der Suizid die Möglichkeit der Freiheit aufhebt und Kant im Suizid vor allem die Heteronomie am Werke sieht, ignoriert Striet. Jenem Theologen würde Kant wohl Folgendes entgegenhalten: „Ein Selbstmörder [...] widerstreitet dem Zwecke seines Schöpfers; er kommt in jene Welt an, als ein solcher, der seinen Posten verlassen hat; er ist also als ein Rebell wider Gott anzusehen. [...] Wir Menschen sind hier wie Schildwachen ausgestellt und wir müssen also unseren Posten nicht verlassen, bis wir von einer anderen wohltätigen Hand abgelöst werden." (Kant (1990), 166 f.).
     Der Schweizer Theologe Hans Küng hat sich in verschiedenen Publikationen dafür ausgesprochen, seinem Leben selbst ein Ende setzen zu dürfen. Er meint, dies mit seinem Glauben an die Auferstehung begründen zu können: da er ja an eine Weiterexistenz nach dem Tod glaube,

hier, dass die in Frage kommenden Personen stetig erweitert werden: Demente im Frühstadium und „Lebensmüde", schwerkranke Kinder und psychisch Kranke gehören schon dazu. Kinder und Jugendliche können in Belgien aktive Sterbehilfe verlangen, während andere wichtige Entscheidungen und Tätigkeiten erst ab Volljährigkeit möglich sein sollen. Und in den Niederlanden gilt inzwischen auch Demenz als „unerträgliches Leiden" und damit als hinreichende Voraussetzung für Sterbehilfe. Der Weg von der Tötung auf Verlangen zur Tötung ohne Verlangen ist nicht so weit. „Je professionalisierter und standardisierter nun aber solche ‚Hilfeleistungen' verlaufen, desto näher rücken sie der aktiven Tötung, die der Arzt durch Injektion mit eigener Hand vollzieht."[7]

Diskutiert wird auch, wie weit die menschliche Selbstbestimmung reiche und ob ein Suizid angesichts einer schlimmen Diagnose *Ausdruck der Autonomie* sein könnte. Immer wieder trifft man in den Debatten auf Aussagen, wonach jeder Mensch ein „Recht" habe, gemäß seinen Überzeugungen zu sterben. „Selbstbestimmt" möchte man die Bühne des Lebens verlassen. Der eigene Todeszeitpunkt solle in den Bereich des eigenen Ermessens fallen. Bis zum Schluss solle man demnach selbst Herr der Lage sein; keine Krankheit solle das letzte Wort haben, die Kontrolle über sich dürfe man auf keinen Fall verlieren. Auch bei einigen Philosophen ist von einem Recht des Einzelnen die Rede, zentrale Entscheidungen, die die eigene Würde und Autonomie betreffen, zu treffen. Dies

---

könne er über den Zeitpunkt und die Art seines Sterbens entscheiden (Küng (2014)). Auf die neutestamentliche Osterbotschaft kann er sich dabei allerdings nicht berufen. Küng, der sich zeitlebens für sein Projekt Weltethos engagiert hat, gibt damit eine Grundüberzeugung der abrahamitischen Religionen auf.

Nach Thomas von Aquin widerspricht die Selbsttötung der Pflicht gegen sich selbst, gegen die Gemeinschaft und gegen Gott. (Vgl. Thomas von Aquin: *Summa Theologiae* II-II, Qu. 64). Und der damals bereits selbst alte und gebrechliche Papst Johannes Paul II. hat in seinem Brief an die alten Menschen Folgendes geschrieben: „Sicher kann es vorkommen, daß in Fällen schwerer Krankheiten, die mit unerträglichen Leiden einhergehen, die davon heimgesuchten Menschen versucht sind, ganz aufzugeben. Dann kann es geschehen, daß ihre Angehörigen oder Pfleger sich von einem missverstandenen Mitleid dazu veranlasst fühlen, den ‚sanften Tod' für eine vernünftige Lösung zu halten. In diesem Zusammenhang muß man daran erinnern, daß das Sittengesetz den Verzicht auf so genannten ‚therapeutischen Übereifer' billigt und nur jene Behandlungen verlangt, die zu den normalen Erfordernissen ärztlicher Betreuung gehören. Aber die [...] direkte Herbeiführung des Todes ist etwas ganz anderes! Sie bleibt ungeachtet der Absichten und Umstände eine in sich schlechte Handlung, eine Verletzung des göttlichen Gesetzes, eine Beleidigung der Würde der menschlichen Person." https://w2.vatican.va/content/john-paul-ii/de/letters/1999/documents/hf_jp-ii_let_01101999_elderly.html. Zugegriffen: 04. März 2018.

7   Fuchs (1997a), 87.

beinhalte auch die Möglichkeit, über das eigene Ende selbst bestimmen zu können.[8]

Der Hörfunk- und Fernsehautor Wolfgang Brosche verglich in diesem Sinne den Suizid Udo Reiters mit dem Verhalten eines Westernhelden, um dann für ein „autonomes Sterben" einzutreten.[9] Denken Sie z.B. auch an den US-amerikanischen Liebesfilm *Ein ganzes halbes Jahr* aus dem Jahr 2016, in dem sich eine Pflegerin und ihr gelähmter Patient ineinander verlieben, was den Patienten aber auch nicht davon abbringen kann, in der Schweiz Sterbehilfe in Anspruch zu nehmen. Im Oktober 2017 brachte die ARD einen Themenabend zum *autonomen Sterben*. Hier konnte man etwa Christiane Hörbinger in der Rolle der an Arthrose sowie einer chronischen Lungenentzündung leidenden Katharina Krohn sehen, die mit Hilfe eines Schweizer Sterbehilfevereins plant, aus dem Leben zu scheiden – was ganz unterschiedliche Reaktionen ihrer beiden Töchter hervorruft.

Während es aufgrund der Straffreistellung der Suizidbeihilfe gemäß § 115 des schweizerischen StGB in der Schweiz möglich ist, den Dienst privater Vereine in Anspruch zu nehmen, die versprechen, „selbstbestimmt" und „in Würde" aus dem Leben zu scheiden,[10] wurde in Österreich Ende 2015 in einer parlamentarischen Enquete parteiübergreifend festgehalten, dass jede Form der Suizidbeihilfe weiterhin verboten bleiben soll. Großbritannien hat im September 2015 mit einer überaus deutlichen Mehrheit die Suizidassistenz abgelehnt. In Deutschland wur-

---

8   Diese Position wird u.a. von Ronald Dworkin, Thomas Nagel, Robert Nozick, John Rawls, Thomas Scanlon und Judith Jarvis Thomson in ihrem *Philosopher's Brief* vertreten: http://www.nybooks.com/articles/1997/03/27/assisted-suicide-the-philosophers-brief/. Zugegriffen: 04. März 2018; Sandel (2015), 170-174; Charlesworth (1997).
     Prägnant formuliert auch J. C. Wolf diesen Standpunkt: „Wer leben will und Sinn in seinem eigenen Leben zu sehen vermag, darf von anderen nicht aufgrund einer externen Lebensbewertung beseitigt werden. Die interne Lebensbewertung muß also autoritativ anerkannt werden. Damit wird jeder Versuch der Legitimation einer zentralisierten politischen Entscheidung über Leben und Tod im Sinne rassistischen Völkermords der Nazis blockiert. Die Respektierung des individuellen Willens hat aber auch zur Folge, daß entschlossene Suizidenten nicht daran gehindert werden dürfen, sich selber zu töten und – falls sie dazu nicht in der Lage sind – sich von anderen freiwillig töten zu lassen. Das Recht auf individuelle Euthanasie folgt also aus dem gleichen Prinzip – dem Prinzip des Respekts vor der Autonomie –, das eine kollektive ‚Euthanasie' verbietet." Wolf (2000), 224.
9   http://www.theeuropean.de/wolfgang-brosche/9152-sterbehilfe-debatte-lustvoll-katholisch-verrecken. Zugegriffen: 04. März 2018.
10   Auf diese beiden Begriffe trifft man umgehend, wenn man die Homepage von *Dignitas Schweiz* aufruft: http://www.dignitas.ch/. Zugegriffen: 04. März 2018.

de im November 2015 ein neuer § 217 StGB beschlossen, der die „geschäftsmä-
ßige" Förderung der Selbsttötung verbietet.[11]

Ein Recht, sich zu töten, gibt es nicht gibt.[12] Es handelt sich um einen Akt, der sich der Rechtssphäre entzieht.[13] Das Ende „gehört mir" nicht einfach, insofern ich ja auch nicht bloß eine Sache, mein Eigentum, bin. Der Suizident zerstört durch seine Handlung sich als moralische Person, sieht und behandelt sich als Sache, indem er über sein Leben wie ein Eigentum verfügt. Als Person darf ich mich und andere jedoch nicht als bloßes Mittel gebrauchen. Ein Recht auf den eigenen Tod resp. einer Hilfestellung für eine Tötungshandlung kann es nicht geben. Die auch grundgesetzlich geschützte Würde des Menschen zeigt sich darin, den Anderen als Rechtsperson anzuerkennen. Die Existenz eines Rechts-genossen darf nicht zur Disposition gestellt werden, der Staat hat das Leben aller Rechtsgenossen zu beschützen:

> „Die Idee des Rechts als einer Koexistenzordnung von Freien schließt [...] unmit-
> telbar jede Befugnis Privater aus, die Koexistenzbedingungen anzutasten oder gar
> einander bewusst den Tod zu geben. Das Recht selbst kann nur dann vom Tötungs-
> verbot absehen, wenn es sich (wie im Notwehrrecht) um die Aufrechterhaltung des
> Rechtszustands selbst gegen das offene Unrecht handelt. [...] Eine Gesellschaft, die
> ohne Grund im Recht tötet oder das Töten gestattet, ist entsprechend dabei, die Idee
> des Rechts selbst wie auch die der Rechtsstaatlichkeit zu Grabe zu tragen."[14]

Umso bedauerlicher ist es daher, dass in den Niederlanden ein Gewissensschutz für das Pflegepersonal fehlt. Die Folge ist, dass es zu Tötungshandlungen ver-pflichtet werden kann. In Belgien gab es eine breite Diskussion über die Frage, ob auch Krankenhäuser in kirchlicher Trägerschaft im Hinblick auf Sterbehilfe-angebote in die Pflicht genommen werden dürfen.[15]

---

11   Knaup (2016).
12   Der BGH spricht von einer „rechtswidrigen" Tat: BGHSt 6,147,153; 46, 279, 246.
       Zur rechtlichen und rechtsphilosophischen Dimension: Hillgruber (2015); Rothhaar (2015).
13   Vgl. Spaemann (2002), 432.
14   Hoffmann (2015).
15   Vgl. Hoffmann (2009), 69.

II.

Schauen wir nun einmal, ob die Berufung auf Konzepte wie Autonomie und Würde tatsächlich überzeugend ist. Fragen wir uns zunächst: Inwiefern sind die in diese Richtung geäußerten Wünsche tatsächlich Manifestation einer abgewogenen Überlegung? Welche Rolle spielen die Sorgen eines Menschen, die Krankheit und die mit ihr gegebenen Behinderungen? In welcher Lebenssituation artikuliert eine Person den Wunsch, nicht mehr weiterleben zu wollen: in einer des Leidens, einer Grenzsituation? Welche Motive sind bei einem Menschen wirksam, der den Wunsch artikuliert, „selbstbestimmt" aus dem Leben scheiden zu wollen? Will er anderen nicht zur Last fallen? Steckt hinter dem Begehr möglicherweise auch Angst vor Schmerzen und Alleinsein? Die Arbeit professioneller Palliativmediziner und Hospizmitarbeiter scheint klarerweise zu untermauern, dass wenn Schmerzen genommen und Zuwendung geschenkt wird, in den meisten Fällen das Verlangen nach einem „selbstbestimmten" Ende schwindet.[16]

Nicht übersehen sollten wir, dass der Wunsch nach einer Tötung auf Verlangen schnell einen anderen „Drive" bekommen kann: Im belgischen Flandern wurden im Jahr 2007 32 Prozent der Euthanasien ohne Einwilligung durchgeführt.[17] Und ein Blick in die offiziellen Statistiken der *Regionalen Kontrollkommission für Sterbehilfe* in den Niederlanden zeigt, dass sich dort in den letzten fünf Jahren die Anzahl der getöteten Demenzerkrankten vervierfacht hat. Statt

---

16   Einen anderen Menschen auf der letzten Etappe seines Lebens zu begleiten und ihm das für ihn richtige Maß an Aufmerksamkeit zu schenken, ist allerdings auch innerhalb eines Hospizes nicht immer leicht, wie z.B. die fünf Gespräche der *TAZ* mit Menschen zeigen, die ihre verbleibende Zeit in einem Hospiz verbringen. Hier kann es ein Zuviel und ein Zuwenig an Aufmerksamkeit durch Menschen, die mit einem durchs Leben gehen, geben. Die Gesprächspartnerin des ersten Gesprächs hebt hervor, dass es ihr wichtig sei, keine Schmerzen und Hilfe durch andere Menschen zu haben. Ihren Kindern hätte sie gesagt, dass sie sie nicht besuchen sollten, um nicht zu sehen, wie sie stürbe. Im gleichen Atemzug wiederholt die 72-jährige Frau: „Nehmt euch Zeit, wenn ihr Kinder habt. Nehmt euch Zeit für die Eltern." Die dritte Gesprächspartnerin hebt hervor, nicht zur Last für ihre Kinder werden zu wollen und ihr zu viel Aufmerksamkeit auch nicht recht sei: „Es ist nur so, dass meine Kinder darunter leiden, und das macht mir zu schaffen. Meine drei Töchter machen es mir ein bisschen schwer, weil sie so, so … sie kümmern sich übermäßig um mich." http://www.taz.de/!5487927/. Zugegriffen: 04. März 2018.

17   Vgl. Chambaere, Bilsen, Cohen et al. (2010).
      Zum qualitativen Gehalt von Slippery-slope-Argumenten im Kontext der Sterbehilfe-Diskussion: Kipke (2008).

Selbstbestimmung haben wir es offenbar mit einer neuen Spielart ärztlichen Paternalismus' zu tun.

Eine Studie der *Universität Zürich* und der *Zürcher Hochschule für Angewandte Wissenschaften* hat sich Menschen gewidmet, bei denen eine schlimme Krankheit festgestellt wurde. Die Reaktion auf diese Nachricht war zunächst einmal, dass sich bei diesen Menschen Kummer und Hoffnungslosigkeit, Angst vor der Zukunft und die Sorge, die eigene Selbstständigkeit aufgeben zu müssen, einstellte. Für einige der Patienten hätte es laut Studie therapeutische Möglichkeiten gegeben, zu helfen; sie wünschten sich aber, selbstbestimmt ihr Leben beenden zu können.[18] Rund 30 Prozent der Betroffenen kamen für sich zu dem Ergebnis, dem eigenen Leben mit Hilfe einer „Sterbehilfeorganisation" ein Ende zu machen. Dies stimmt nachdenklich.

Menschen leiden nicht nur physisch. War früher die Angst verbreitet, im Sarg noch einmal aufzuwachen, also lebendig begraben zu sein, gibt es heute nicht wenige Vorbehalte gegenüber einer Hochleistungsmedizin und Ängste, nicht sterben zu können. Solche Ängste und Gedanken des Ausgeliefertseins sind gerade im Kontext einer hochtechnisierten Medizin ernst zu nehmen, der Mensch in seiner Endlichkeit und Verletzlichkeit in den Mittelpunkt zu stellen. Spritzen und Medikamente sind sehr wichtig, um physisches Leid zu bekämpfen. Ängste und existentielle Krisen kann man so nicht behandeln. „Wir wissen heute, dass der Suizidwunsch in der weitaus größten Zahl der Fälle nicht die Folge körperlicher Beschwerden ist, sondern der Ausdruck einer Situation des Sich-verlassen-Fühlens. Eine Studie in den Niederlanden weist nur 10 von 187 Fällen aus, in denen Schmerzen der alleinige Grund für den Euthanasiewunsch waren. In weniger als der Hälfte aller Fälle spielten Schmerzen überhaupt eine Rolle"[19].

Das Leben so gestalten zu wollen, wie es einem beliebt – bis ins hohe Alter – ist ein nachvollziehbarer Wunsch. Doch wenn dies eben nicht mehr möglich ist, einem die Dinge nicht mehr so leicht von der Hand gehen und es einer helfenden anderen Hand bedarf, ist das Leben noch nicht zu Ende. Vom ersten Moment unserer Existenz an sind wir auf andere Menschen angewiesen. Es scheint eine große Angst zu geben, im Alter von anderen abhängig zu sein, nicht mehr das „Heft in der eigenen Hand zu haben". Diese Angst sollte ernst genommen und

---

18 Vgl. http://www.nzz.ch/aktuell/startseite/sterbehilfe-lebensmuede--1.1215812. Zugegriffen: 04. März 2018. Eine Basler Studie konnte grobe Mängel bei der Organisation *Exit* aufweisen: http://www.nzz.ch/aktuell/startseite/article7KHGS-1.464198. Zugegriffen: 04. März 2018.

19 Spaemann (2013), 32 f. Die Studie, auf die Spaemann verweist: Van der Maas (1992).

nicht in einen Ruf nach Freiheit und Autonomie umgedeutet werden. Freiheit könnte sich dann z.B. in der Abkehr von dem Irrglauben zeigen, alles aus eigener Kraft zu können und letztlich ohne andere Menschen im Leben auszukommen.[20]

Der Ruf nach ärztlich begleitetem Suizid und der „Autonomie des Patienten" hängt offensichtlich mit einer bestimmten Sicht auf das Leben zusammen: Der Tod wird als ein Machwerk des Menschen begriffen. Er wird nicht abgewartet, nicht als Gegebenes verstanden, sondern als etwas interpretiert, das man selbst machen, kontrollieren, gestalten kann.[21] Dies verändert auf Dauer unsere Sicht vom Menschen, der sich selbst zum „Herrn und Meister" über Lebendiges und Totes aufschwingt. Gerade aber dieses Kontrollieren-Wollen bis in den Tod hinein kann den Menschen sehr schnell zum Sklaven seiner selbst machen. In diesem Sinne kann man beim ehemaligen Bundespräsidenten Johannes Rau lesen: „Was die Selbstbestimmung des Menschen zu stärken scheint, kann ihn in Wahrheit erpressbar machen."[22]

Die beiden Begriffe *Autonomie* und *Würde* haben schon eine lange Tradition. Ersterer war bei den Griechen zunächst im Bereich der politischen Philosophie verortet und wurde dann herangezogen, wenn es um die Sittlichkeit des Menschen ging. *Autonomie* klingt in vielen Debatten geradezu wie ein beschwörendes Zauberwort. Wenn wir genau hinhören, schwingt hierbei nicht selten die Vorstellung mit, man sei losgelöst von jedweder sittlichen Verpflichtung. Autonomie meint aber nicht, all das tun zu können, was einem beliebt. Willkürfreiheit ist damit gerade nicht gemeint. Die Autonomie meines Gegenübers zu achten, bedeutet auch nicht, all seine Wünsche in die Tat umzusetzen. Gemeint ist mit diesem Begriff einerseits, dass die menschliche Person unabhängig von empirischen Gegebenheiten und Motiven ihr Leben gestalten kann. Gemeint ist andererseits, dass sie sich an das Sittengesetz binden kann. Auch ein auf der Abwägung von Lebenssituationen basierender Suizid („Bilanz-Suizid") kann nicht mit Autonomie im Sinne einer sittlichen Selbstverpflichtung und Bindung an das Sittengesetz gerechtfertigt werden.

Die Autonomie eines kranken Menschen kann demnach nicht darin bestehen, dass der Arzt oder das Pflegepersonal alle seine Vorstellungen zu verwirklichen versucht.[23] Vielmehr hat er auch die Autonomie des Pflegepersonals sowie der

---

20   Vgl. Maio (2014), 179.
21   Vgl. Maio (2012), 360.
22   Rau (2001), 24.
23   Vgl. auch Pöltner (2006), 266.

Ärzte zu achten, die ja ebenfalls an das Sittengesetz gebunden sind. Es kann nicht zum Serviceangebot eines Arztes gehören, den Tod zu bringen. Sein Wirken sollte stets ein Wirken zum Guten und zum Heil des Patienten sein – wodurch er sich nicht zuletzt auch von einem Medizinmann unterscheidet. Im europäischen Arztethos ist dies seit der Antike fest verwurzelt: Ich werde „niemandem auf seine Bitte hin ein tödlich wirkendes Mittel geben, noch werde ich einen derartigen Rat erteilen"[24], heißt es im *Hippokratischen Eid*. Der erste Satz der *Grundsätze der Bundesärztekammer zur ärztlichen Sterbebegleitung* bringt es so auf den Punkt: „Aufgabe des Arztes ist es, unter Achtung des Selbstbestimmungsrechtes des Patienten Leben zu erhalten, Gesundheit zu schützen und wiederherzustellen sowie Leiden zu lindern und Sterbenden bis zum Tod beizustehen."[25] Der Tod kann keine ärztliche Dienstleistung sein. „Der Arzt, der einen Menschen auch auf dessen Wunsch hin tötet, gerät durch sein Tun in eine Handlungsorientierung und Gesinnung, die in der letzten Konsequenz die Achtung vor der Person aufheben muss."[26]

Zu einem guten Sterben kann es gehören, nicht alle Möglichkeiten einer hochtechnisierten Intensivmedizin ausschöpfen zu wollen, auf medizinische Eingriffe und Behandlungen zu verzichten oder eine Therapie nicht fortzusetzen.[27] Es geht dabei um ein Zulassen des Sterbeprozesses. Der Tod ist *nicht* das Ziel, sondern ein guter und humaner Weg des Abschiednehmens. „Man unterläßt alles, was den Sterbeprozeß in einer Weise verlängern könnte, welche im Widerspruch zum Willen und zur Würde des Sterbenden stünde; zugleich tut man alles, was diesen Prozeß erträglich macht."[28] Dem Sterben des Patienten wird zugestimmt, sein Tod nicht selbst herbeigeführt.[29]

---

24 Hippokrates (2007), 54. Borasio (2014), 125 bezieht sich in seiner Arbeit *Selbstbestimmt sterben* auf die Stelle des Hippokratischen Eids, wonach der Arzt seine Verordnungen „zum Nutzen der Kranken" zu treffen hat. Dass es nicht zum Arztberuf gehört, eine tödliche Substanz bereitzustellen oder in dieser Richtung beratend zu wirken, zitiert er nicht.

25 Bundesärztekammer: Grundsätze der Bundesärztekammer zur ärztlichen Sterbebegleitung, http://www.bundesaerztekammer.de/fileadmin/user_upload/downloads/Sterbebegleitung_1702 2011.pdf. Zugegriffen: 04. März 2018.

26 Fuchs (1997b), 86.

27 Vgl. Der Bundesgerichtshof begründet dies mit der Patientenautonomie. Hierzu: BGHSt 11,111, 113-115.

28 Beckmann (1998), 149.

29 „Direktes Handlungsziel ist [...] die Schmerzbekämpfung, die den Sterbenden von andauernden unerträglichen Schmerzen befreit; in Kauf genommen wird ein gewisses Risiko, dass aufgrund einer möglichen (nicht: sicheren) Nebenwirkung der Eintritt des Todes beschleunigt wird, etwa weil das schmerzlindernde Medikament eine Atemdepression herbeiführt. Von der

Schmerzen können heute sehr gut durch eine palliativmedizinische Versorgung behandelt werden. Das Konzept der „Palliative Care" breitet sich weiter aus. Hierbei arbeiten idealerweise Mediziner, Pflegeteams, Psychologen, Seelsorger, Physiotherapeuten und Ehrenamtliche Hand in Hand, um schwer kranke Menschen zu begleiten, ihre Lebensqualität so gut wie möglich zu erhalten sowie um gute Symptomkontrolle und Schmerztherapie zu gewährleisten. Die Begleitung anderer Menschen in leidvollen und von Krankheit geprägten Situationen fordert den Begleiter heraus, Fragen der Endlichkeit und Zerbrechlichkeit des eigenen Lebens zuzulassen und sich Zeit für Gespräche zu nehmen.[30] Die Autonomie des Patienten zu achten bedeutet, ihn als Person anzuerkennen – und nicht seine Existenz zur Disposition zu stellen. Es muss darum gehen, dem Patienten Angst und Schmerzen zu nehmen, nicht sein Leben.[31]

Menschen werden heute älter als früher, wobei die letzte Etappe des Lebensweges, besonders wenn sie von Krankheit und Pflegebedürftigkeit geprägt ist, in finanzieller Sicht eine teure Zeit ist. Nach einer Studie der Universität Köln gibt es derzeit bereits etwa 600.000 Menschen, die älter als 90 Jahre sind. Tendenz steigend. Der Verdacht liegt zumindest nahe, dass auch aus Gründen der Kostenersparnis die Diskussion um den assistierten Suizid neu entflammt ist. In einem Roman mit dem bezeichnenden Titel *Der moderne Tod. Vom Ende der Humanität* findet sich vor dem Hintergrund der Durchökonomisierung des Gesundheitswesens folgende Sicht auf Sterben und Tod, die aufhorchen lässt:

> „Wenn die Mittel nicht ausreichen, um alle zu retten, die rein technologisch mit einer modernen Behandlung gerettet werden könnten, muss es entweder dem Zufall überlassen werden, wer sterben muss, oder es muss eine rationale Auswahl getroffen werden, die eine vergleichende Bewertung des Menschenlebens zum Inhalt hat; einen dritten Weg gibt es nicht, weil die Mittel niemals für alle ausreichen."[32]

Inkaufnahme dieses Übels und somit von einer indirekten Tötung kann aber nur so lange gesprochen werden, als diese Nebenwirkung nicht sicher vorhersehbar ist. Würde die Medikamentendosis absichtlich so hoch gesetzt, dass der Tod des Patienten sicher eintritt, könnte von einem ungewollten Nebeneffekt nicht mehr die Rede sein." Schockenhoff (2013), 275 f.

30   Schmerzen und Leiden werden als unangenehm erfahren, der eigene Leib in diesem Kontext nicht selten als fremd erlebt. Auch das Zeiterleben ändert sich. Fragen nach der Sinnhaftigkeit stellen sich ein, wobei nicht immer die Suche nach Sinnstiftung gelingt. Zum Begriff des Leidens siehe: Bozzaro (2015a); Bozzaro (2015b).

31   Am 05. Nov. 2015 hat der Deutsche Bundestag ein Gesetz verabschiedet, das den Ausbau palliativmedizinischer Möglichkeiten und die bessere Versorgung schwerstkranker Menschen zum Inhalt hat.

32   Wijkmark (2001), 31.

Nun zur Würde des Menschen! Die *Allgemeine Erklärung der Menschenrechte* hebt an mit dem Verweis, dass „alle Menschen [...] frei und gleich an Würde und Rechten geboren" wurden. Die Erklärung ist freilich im Horizont bestialischer Schreckensherrschaften im 20. Jahrhundert einzuordnen, doch der Gedanke der Menschenwürde ist weitaus älter. In den Schulen der Stoa, im christlichen Mittelalter, der italienischen Renaissance und der klassischen deutschen Philosophie wurde über diesen ethischen, politisch-praktischen und rechtlichen Begriff eindrücklich reflektiert.

Nicht aufgrund seines Einkommens, seines Wissens, seiner sozialen Stellung, seines Geschlechts, seiner Religion oder seiner Rasse ist der Mensch ein Würdewesen, sondern sofern er Mensch ist, kommt ihm diese Würde zu. Ungeachtet all der Unterschiede, die es zwischen Menschen gibt und immer gab, sind alle Menschen darin gleich, dass sie von einem Menschen geboren und eben Menschen sind. Entscheidend sind nicht seine mentalen Begabungen oder besondere Eigenschaften wie die, leiden zu können oder sozial zu sein.

Mit dem Begriff „Würde" ist gemeint, dass der Mensch einen „absoluten Wert" hat. Anders gesagt: Der Mensch ist über allen Preis erhaben. Die Dinge um uns herum haben einen Wert und können durch andere Dinge, die dasselbe Preisetikett aufweisen, ersetzt werden. Für das, was Würde hat, gibt es keine Gegenrechnung. Überlegungen wie jene aus dem zitierten Roman verbieten sich daher.

Würde ist nichts, was von anderen verliehen wird resp. wieder verloren gehen könnte – auch im Kontext einer schlimmen Erkrankung nicht. Menschenwürde wird als etwas Gegebenes anerkannt. Würde sie für besondere Leistungen verliehen werden, wären eben nicht alle Menschen Träger der Menschenwürde; einige wären dann Würdewesen, andere nicht.

Unter einem noch so guten Mikroskop kann man Menschenwürde nicht beobachten. Sie steht nämlich in einem Beziehungsverhältnis zu unseren Handlungen als Personen, nicht zu nackten Ereignissen. Würde ist nicht abwägbar. Auch ist mit Menschenwürde kein Leben frei von Sorgen und physischen Beeinträchtigungen gemeint – oder positiv gewendet: eines, in dem es genügend Chancen für alle, Möglichkeiten der Kommunikation, Zuwendung und anderer sozialer Güter und Eigenschaften gibt.[33] Gemeint ist ein Leben, das unantastbar ist. Mit dem Begriff „Würde" ist die Unverfügbarkeit des Menschen gemeint.

---

33 Menschenwürde ist kein Synonym für „Lebensqualität bis zuletzt". Auch ist hiermit keine Garantie für ein glückliches Leben gegeben: „Der pragmatische Beweggrund zu leben ist die

„Man kann das Unantastbare am Menschen nicht in einer oder einem Ensemble von Eigenschaften festmachen. Nur deshalb ist es ja eben sinnvoll, vom ‚Unantastbaren' zu sprechen, also von der Würde, die jeder Mensch behält, egal welche Eigenschaften ihm genommen oder geraubt werden. Wäre die Würde nicht in Verhältnissen, sondern – wie etwa die Gesundheit – in Eigenschaften, Vermögen oder Vorgängen begründet, dann würde man sie in eben dem Maße verlieren, in dem sie verletzt wird."[34]

Würde, so können wir bei dem wohl bedeutendsten Prägemeister dieses Begriffs, Immanuel Kant, nachlesen, bedeutet, dass Menschen nicht wie Sachen zu behandeln sind: ihnen ist mit Achtung zu begegnen. Der Denker aus Königsberg schreibt: „Achtung, die ich für andere trage, oder die ein anderer von mir fordern kann, ist die Anerkennung einer Würde an andere Menschen, d.i. eines Werths, der keinen Preis hat, kein Äquivalent, wogegen das Object der Werthschätzung ausgetauscht werden kann."[35]

Der Sinn des menschlichen Lebens wird nicht daraus bezogen, Funktion für etwas oder jemand anderes zu sein: Der Mensch hat dem Menschen Selbstzweck zu sein.[36] Die Selbstzweckhaftigkeit setzt allen instrumentellen Zugriffen Grenzen. Würde wurzelt nach Kant in der Autonomie. Als Personen sind wir Freiheits- und Vernunftwesen.

„Die vernünftige Natur", so können wir bei Kant lesen, „nimmt sich dadurch vor den übrigen aus, dass sie ihr selbst einen Zweck setzt."[37] Es zeichnet uns also aus, dass wir uns moralisch verhalten *können*. Freilich ändert sich im Laufe unseres Lebens der Radius unserer Freiheit. Im Alter kann dies anders aussehen als bei einem jungen Menschen, dem das Leben noch offensteht. Auch unterscheiden sich die mit Freiheit verbundenen Möglichkeiten hinsichtlich der sozialen Stellung: So hat ein Regierungschef oder der Papst andere Möglichkeiten als ein Student oder eine Reinigungsfachkraft. Wir sehen, anhand dieser Beispiele, dass es nicht um das aktuelle Ausüben von Freiheit geht, sondern darum, dass Menschen frei sein *können*. Die Würde „beinhaltet nicht nur die Freiheit, seinen Lebensweg eigenverantwortlich zu wählen; als Glied der menschlichen Familie hat

---

Glückseligkeit. Kann ich mir wohl deswegen das Leben nehmen, weil ich nicht glücklich leben kann? Nein! Das ist nicht nötig, daß ich, so lange ich lebe, glücklich lebe; aber es ist nötig, daß ich, so lange ich lebe, ehrenwert lebe." Kant (1990), 165.

34   Schweidler (2001), 11 f.
35   MdS, AA VI, 462.
36   GMS, AA IV, 429.
37   GMS, AA IV, 437.

jeder auch Pflichten gegen sich und andere. Da es die Freiheit zu einem selbstbestimmten Leben nur im Zusammenleben mit anderen gibt, ist sie immer durch deren Freiheit begrenzt. Die Idee der Würde beinhaltet daher die Pflicht zu gegenseitiger Achtung."[38]

„Selbstentleibung", wie Kant den Suizid nennt, ist für ihn kein Ausdruck der Freiheit des Menschen. In seiner *Metaphysik der Sitten* können wir Folgendes lesen:

> „Das Subject der Sittlichkeit in seiner eigenen Person zernichten, ist eben so viel, als die Sittlichkeit selbst ihrer Existenz nach, so viel an ihm ist, aus der Welt vertilgen, welche doch Zweck an sich selbst ist; mithin über sich als bloßes Mittel zu ihm beliebigen Zweck zu disponiren, heißt die Menschheit in seiner Person (homo noumenon) abwürdigen, der doch der Mensch (homo phaenomenon) zur Erhaltung anvertraut war."[39]

Das Subjekt von Freiheit und Autonomie wird – so Kant – ja gerade durch diese Handlung ausgelöscht.[40] Es handelt sich also tiefer gesehen um einen *Selbstwiderspruch menschlicher Freiheit.*[41] Ein solcher Akt widerspricht der obersten Pflicht gegen sich selbst und hebt die Bedingung aller Pflichten auf. Für die Vernunft kann es keinen Grund geben, sich aufzugeben. Es würde jeder Ethik den Boden unter den Füßen wegziehen. Die Existenz der Vernunft darf nicht aufs Spiel gesetzt resp. ausgemerzt werden. Insofern meine Maximen, durch die sich mein Wille bestimmt, stets zu einem allgemeinen Gesetz werden können sollten, steht die Selbstentleibung diesem Imperativ entgegen.

Nach Kant ist der Weg in die Selbstentleibung kein Ausdruck von Autonomie, sondern das glatte Gegenteil davon: Heteronomie. Viele Faktoren üben einen Einfluss aus, dass ein Mensch in einer solchen extremen Situation des Lebens für sich meinen mag, dass es besser sei, nicht zu sein als zu leben. Und wir dürfen Kant ergänzen: Eine Entscheidung zum Suizid betrifft ja nie nur diesen einen Menschen. Zurück bleiben ratlose Menschen, die nicht selten an einem solchen Schritt unerträglich zu leiden haben. Wer mit einem suizidwilligen Menschen in Beziehung steht, hat die Aufgabe, diesen Menschen nicht noch darin zu bestätigen, dass sein Leben keinen Sinn mehr hat und es für alle besser ohne ihn wäre.

---

38   Kather (2007), 8.

39   MdS, AA VI, 423.

40   Vgl. MdS, AA IV, 422 f.
      Hierzu auch: GMS, AA IV, 421 f., 429; KpV, AA XIX, 75 f.; Kant (1990), 161-167.

41   Vgl. Kant (1990), Refl. 6801.

Es müsste darum gehen, zu helfen, dass dieser Mensch seine Autonomie wiederentdeckt und durch Vernunft und mitmenschliche Unterstützung eine neue Perspektive auf sein Leben gewinnen kann.

In den Fußspuren Kants fällt die Antwort auf die Frage, was es heißt, in Würde zu sterben, so aus: Ein Sterben in Würde ist ein Sterben im Bewusstsein der Unverfügbarkeit des Lebens. Das eigene Leben ist unverfügbar und eben auch das Leben meiner Mitmenschen.

Literaturverzeichnis

Beckmann, J.-P. 1998. Patientenverfügungen: Autonomie und Selbstbestimmung vor dem Hintergrund eines im Wandel begriffenen Arzt-Patienten-Verhältnisses. In: Zeitschrift für medizinische Ethik 44: 143-156.

Borasio, G.D. 2014. Selbstbestimmt sterben. Was es bedeutet. Was uns daran hindert. Wie wir es erreichen können. München: Beck.

Bozzaro, C. 2015a. Schmerz und Leiden als anthropologische Grundkonstanten und als normative Konzepte in der Medizin. In: Leid und Schmerz. Konzeptionelle Annäherungen und medizinethische Implikationen. G. Maio, C. Bozzaro, T. Eichinger (Hrsg.), 13-36. Freiburg / München: Karl Alber.

Bozzaro, C. 2015b. Der Leidensbegriff im medizinischen Kontext: Ein Problemaufriss am Beispiel der tiefen palliativen Sedierung am Lebensende. In: Ethik in der Medizin 27: 93-106.

Chambaere, K. / Bilsen, J. / Cohen, J. et al. 2010. Physician-assisted deaths under the euthanasia law in Belgium: a population-based survey. Canadian Medical Association Journal 182, 9: 895-901.

Charlesworth, M. 1997. Leben und sterben lassen. Bioethik in der liberalen Gesellschaft. Hamburg: Rotbuch Verlag.

Fuchs, T. 1997a. Euthanasie und Suizidbeihilfe. Das Beispiel der Niederlande und die Ethik des Sterbens. In: Töten oder sterben lassen? R. Spaemann, T. Fuchs (Hrsg.), 31-107. Freiburg: Herder.

Fuchs, T. 1997b. Was heißt ,töten'? In: Ethik in der Medizin 9: 78-90.

Hillgruber, C. 2015. Die Bedeutung der staatlichen Schutzpflicht für das menschliche Leben und der Garantie der Menschenwürde für eine gesetzliche Regelung zur Suizidbeihilfe. In: Was heißt: In Würde sterben? Wider die Normalisierung des Tötens. T.S. Hoffmann, M. Knaup (Hrsg.), 115-140. Wiesbaden: Springer VS.

Hippokrates. 2007. Der Eid, in: Antike Heilkunst. Ausgewählte Texte aus den medizinischen Schriften der Griechen und Römer. J. Kollesch, D. Nickel (Hrsg.), 53-55. Stuttgart: Reclam.

Hoerster, N. 1998. Sterbehilfe im säkularen Staat. Frankfurt: Suhrkamp.

Hoerster, N. 2009. Zur Legitimität der Sterbehilfe. In: Information Philosophie 2: 7-13.

Hoffmann, T.S. 2009. Töten auf Verlangen – eine Wohltat? In: Sterben – an der oder durch die Hand des Menschen. G. Kaster (Hrsg.), 60-77. Münster: dialogverlag.

Hoffmann, T.S. 2015. Lasst die Finger davon. In: FAZ, 04. Nov. 2015, 9.

Hoffmann, T.S. / Knaup, M. (Hrsg.). 2015.Was heißt: In Würde sterben? Wider die Normalisierung des Tötens. Wiesbaden: Springer VS.

Kant, I. 1990: Eine Vorlesung über Ethik. Frankfurt: Fischer Taschenbuch.

Kant, I. 1903. Grundlegung zur Metaphysik der Sitten. In: Kants gesammelte Schriften. Königlich Preußische Akademie der Wissenschaft (Hrsg.), Akademieausgabe (AA) Bd. IV. Berlin: Reimer.

Kant, I. 1908. Kritik der praktischen Vernunft. In: Kants gesammelte Schriften. Königlich Preußische Akademie der Wissenschaft (Hrsg.), Akademieausgabe (AA) Bd. V. Berlin: Reimer.

Kant, I. 1907. Die Metaphysik der Sitten. In: Kants gesammelte Schriften. Königlich Preußische Akademie der Wissenschaft (Hrsg.), Akademieausgabe(AA) Bd. VI. Berlin: Reimer.

Kather, R. 2007. Person. Die Begründung menschlicher Identität. Darmstadt: WBG.

Kipke, R. 2008. Schiefe-Bahn-Argumente in der Sterbehilfe-Debatte. In: Zeitschrift für medizinische Ethik 54: 135-145.

Knaup, M. / Müller, T. / Spät P. (Hrsg.). 2011. Post-Physikalismus. Freiburg / München: Karl Alber.

Knaup, M. 2013. Leib und Seele oder mind and brain? Zu einem Paradigmenwechsel im Menschenbild der Moderne. Freiburg / München: Karl Alber.

Knaup, M. / Hähnel M. (Hrsg.). 2014. Leib und Leben. Perspektiven für eine neue Kultur der Körperlichkeit. Darmstadt: WBG.

Knaup, M. 2016. Der neue § 217 (StGB). In: Imago Hominis 23: 9-12.

Küng, H. 2014. Glücklich sterben? Mit dem Gespräch mit Anne Will. München / Zürich: Piper.

Maio, G. 2012. Mittelpunkt Mensch: Ethik in der Medizin. Ein Lehrbuch. Mit einem Geleitwort von Wilhelm Vossenkuhl. Stuttgart: Schattauer.

Maio, G. 2014. Medizin ohne Maß? Vom Diktat des Machbaren zu einer Ethik der Besonnenheit. Stuttgart: TRIAS.

Pöltner, G. 2006. Grundkurs Medizin-Ethik. Wien: facultas.

Rau, J. 2001. Wird alles gut? – Für einen Fortschritt nach menschlichem Maß. In: Die Genkontroverse. Grundpositionen, S. Graumann (Hrsg.), 14-29. Freiburg / Basel / Wien: Herder.

Rothhaar, M. 2015. Autonomie und Menschenwürde am Lebensende. Zur Klärung eines umstrittenen Begriffsfelds. In: Was heißt: In Würde sterben? Wider die Normalisierung des Tötens. T.S. Hoffmann, M. Knaup (Hrsg.), 101-99. Wiesbaden: Springer VS.

Sandel, M. 2015. Moral und Politik. Berlin: Ullstein.

Schockenhoff, E. 2013. Ethik des Lebens. Grundlagen und neue Herausforderungen. Freiburg: Herder.

Schweidler, W. 2001. Das Unantastbare. Beiträge zur Philosophie der Menschenrechte. Münster: Lit Verlag.

Spaemann, R. 2002. Grenzen. Zur ethischen Dimension des Handelns. Stuttgart: Klett-Cotta.

Spaemann, R. 2013. Die Vernünftigkeit eines Tabus. In: Guter schneller Tod? Von der Kunst, menschenwürdig zu sterben. R. Spaemann, B. Wannenwetsch (Hrsg.), 9-40. Basel: Brunnen.

Striet, M. 2015. Gottes Schweigen. Auferweckungssehnsucht – und Skepsis. Ostfildern: Grünewald.

Thomas von Aquin. 1953. Summa Theologiae II-II, Qu. 64. In: Die deutsche Thomas-Ausgabe. Bd. 18. Albertus-Magnus-Akademie Walberberg bei Köln (Hrsg.). Heidelberg: Styria.

Van der Maas, P.J. (et al.). 1992. Euthanasia and other Medical Decisions Concerning the End of Life. In: Health Policy. R. Busse (Hrsg.), 22 (1992/1+2).

Wijkmark, C.-H. 2001. Der moderne Tod. Berlin: Matthes & Seitz.

Wolf, J. C. 2000. Sterben, Tod und Tötung. In: Ethik in der Medizin. Ein Reader. U. Wiesing, (Hrsg.), 200-225. Stuttgart: Reclam.

Menschenwürde und künstliche Befruchtung

Wohin führt die assistierte Reproduktion?

Manfred Spieker

1 Die assistierte Reproduktion und ihr Tabu

Seit der Geburt von Louise Brown am 25. Juli 1978 in Oldham bei Manchester, dem ersten Menschen, der im Labor erzeugt wurde, sind weltweit rund fünf Millionen Kinder nach künstlicher Befruchtung geboren worden – in Deutschland bis Ende 2016 rund 275.000.[1] Im Jahr 2015 waren es 20.880 bei knapp 104.000 IVF/ICSI-Behandlungen bei 62.797 Frauen in 134 Fertilisations- bzw. „Kinderwunsch"-Zentren.[2] Die In Vitro-Fertilisation (IVF) und die Intrazytoplasmatische Spermieninjektion (ICSI) sind in den vergangenen 40 Jahren so expandiert, dass sie heute, so eine irrige, aber verbreitete Ansicht, „eher als Variante natürlicher Empfängnis betrachtet werden, nicht mehr als deren Gegensatz" (Bernard 2014). Grund für diese Expansion ist einerseits der Wunsch nach einem Kind und andererseits die schwindende Fähigkeit der Frauen, auf natürlichem Weg schwanger zu werden, weil Karrierepläne, Partnermangel oder Bindungsängste den Entschluss, eine Familie zu gründen, immer wieder aufschieben lassen.

Der Wunsch nach einem Kind ist legitim. Die Fortpflanzung gehört zu den zeit- und kulturunabhängigen Bedürfnissen, den existentiellen Zwecken der menschlichen Natur. Dass sich ein Ehepaar Kinder wünscht, dass Mann und Frau sich danach sehnen, miteinander und durcheinander Vater und Mutter zu werden

---

[1]   Hier erfolgte die erste Geburt nach künstlicher Befruchtung am 16.4. 1982 in der Universitätsklinik in Erlangen. Der leitende Gynäkologe des Erlanger Ärzteteams Siegfried Trotnow soll 20 Jahre später erklärt haben, er würde das nie wieder machen.

[2]   Deutsches IVF-Register 2015, S. 35. In der Zusammenfassung der Ergebnisse S. 10 ist von 9140 geborenen Kindern die Rede – ein Druckfehler, wie die Geschäftsstelle des IVF-Registers am 28.10.2017 bestätigte.

© Springer Fachmedien Wiesbaden GmbH, ein Teil von Springer Nature 2020
J. Hattler und J. C. Koecke (Hrsg.), *Biopolitische Neubestimmung des Menschen*,
Philosophische Herausforderungen der angewandten Ethik und Gesundheitswissenschaften/Philosophical Challenges of Applied Ethics and Health
Sciences, https://doi.org/10.1007/978-3-658-28943-0_5

und ihre Liebe in der Geburt eines gemeinsamen Kindes Fleisch werden zu lassen, all dies ist Teil der menschlichen, geschlechtsbezogenen Identität. Rund 10 bis 15 Prozent der Paare, die sich Kinder wünschen, haben jedoch Schwierigkeiten, ohne ärztliche oder psychologische Hilfe schwanger zu werden.[3] Unfreiwillige Kinderlosigkeit gilt als Krankheit, die künstliche Befruchtung als deren Therapie. Reproduktionsmediziner rechtfertigen die assistierte Reproduktion mit dem Leiden ihrer Patienten. Die Krankenkassen haben diese Sicht übernommen und die künstliche Befruchtung, wenn auch mit Einschränkungen, als Sterilitätstherapie in ihren Leistungskatalog aufgenommen.[4] Der Begriff Sterilitätstherapie ist freilich irreführend, denn die Sterilität wird nicht therapiert, sondern nur überlistet. Sie bleibt selbst nach einer erfolgreichen, also zur Geburt eines Kindes führenden Behandlung die gleiche wie zuvor. Reproduktionsmediziner behandeln mit der IVF und der ICSI also nicht eine Krankheit, sondern einen Wunsch, den Wunsch nach einem Kind.[5] Dieser Wunsch ist, um es noch einmal zu unterstreichen, legitim. Legitim ist auch, dass Medizin und Psychologie Probleme bei der Realisierung des Kinderwunsches in Forschung und Therapie behandeln.[6]

Die Legitimität einer medizinischen Intervention bei der Fortpflanzung hängt aber davon ab, dass sich der assistierende Arzt der Tatsache bewusst bleibt, dass er es nicht nur mit dem Kinderwunsch eines Paares, sondern mit dem Kind als einem dritten Subjekt zu tun hat. Das Kind als eigenständiges Subjekt aber ist das große Tabu der assistierten Reproduktion. Selbst Anwälte der assistierten Reproduktion gestehen ein, der Reproduktionsmediziner könne „das Ergebnis seiner Konservierungs- und Injektionskünste nicht als Subjekt denken".[7] Die Fokussierung auf den Kinderwunsch der Erwachsenen und die Ausblendung des Subjektstatus des Kindes hat die Reproduktionsmedizin dazu geführt, ihr Arsenal zur Erfüllung des Kinderwunsches immer weiter auszudehnen – über die homo-

---

3   Unfreiwillige Kinderlosigkeit liegt nach der Definition der Weltgesundheitsorganisation dann vor, wenn ein Paar, das Kinder wünscht, trotz ungeschütztem Geschlechtsverkehr nach zwei Jahren noch kein Kind gezeugt hat.

4   Sie erstatten für bis zu drei Versuche 50% der Kosten.

5   Dies stellte auch das Bundesverfassungsgericht in einem Beschluss vom 27. Februar 2009 fest, weshalb die Krankenkassen nicht verpflichtet seien, die Kosten zu erstatten. BVerfGE 117, 316ff.

6   Dies unterstreicht auch die katholische Kirche. Sie „schaut mit Hoffnung auf die wissenschaftliche Forschung und wünscht, dass sich viele Christen dem Fortschritt in der Biomedizin widmen und den eigenen Glauben in diesem Feld bezeugen", in: Kongregation für die Glaubenslehre, Instruktion Dignitas Personae über einige Fragen der Bioethik vom 8.9.2008, Ziffer 3.

7   Bernard (2014), 134

loge künstliche Befruchtung hinaus auf Samenspende, Eizellspende, Leihmutterschaft, Embryonenadoption, bis hin zum Ropa-Verfahren bei lesbischen Frauen, bei dem eine die Eizelle spendet und die andere nach einer künstlichen Befruchtung mit einer Samenspende die Schwangerschaft austrägt.

2 Der Stein des Anstoßes: das Embryonenschutzgesetz (ESchG)

Die Ausweitung des Arsenals der Reproduktionsmedizin wiederum hat zur Folge, dass sich die Reproduktionsmediziner am ESchG von 1990 reiben, ist das ESchG doch ein Gesetz zum Schutz des Embryos und nicht zur Realisierung der Reproduktionsfreiheit Erwachsener, weshalb es nur die Befruchtung von so vielen Eizellen erlaubt, wie der Frau, von der die Eizellen stammen, zum Zwecke einer Schwangerschaft implementiert werden können – nach §1, Abs.1, Ziffer 3 ESchG im Höchstfall drei. Die Rufe nach einem das ESchG ersetzenden Reproduktionsmedizingesetz sind 2017 lauter und zahlreicher geworden. So forderte der 120. Deutsche Ärztetag im Mai 2017 in Freiburg den Gesetzgeber in zwei verschiedenen Entschließungen auf, durch ein Reproduktionsmedizingesetz für Rechtssicherheit bei unerfülltem Kinderwunsch zu sorgen. Deutliche Differenzen zeigten die beiden Entschließungen in den Begründungen. Forderte der Antrag von Rudolf Henke, dem Vorsitzenden des Marburger Bundes und CDU-Bundestagsabgeordneten, sowie weiteren 28 Ärzten, bei der Regelung der Reproduktionsmedizin „das Kindeswohl vorrangig zu berücksichtigen"[8], so ging der Vorstand der Bundesärztekammer in seinem Antrag davon aus, dass bei dieser Regelung „das Selbstbestimmungsrecht der Betroffenen mit Kinderwunsch" ebenso zu berücksichtigen sei wie das Kindeswohl[9] – eine offenkundige Quadratur des Kreises. Die FDP forderte in ihrem Programm zur Bundestagswahl 2017, die „Chancen der Reproduktionsmedizin für die Familiengründung" zu nutzen und die Eizellspende und die nicht-kommerzielle Leihmutterschaft zu legalisieren.[10] Eine Interessengemeinschaft von Reproduktionsmedizinern und Rechtswissenschaftlern plädierte unter dem Dach der Leopoldina für ein Fortpflanzungsmedizingesetz. Es müsse „der medizinischen Entwicklung und dem

---

8   120. Deutscher Ärztetag TOP Ib-42
9   120. Deutscher Ärztetag TOP Ib-05
10   Programm der FDP zur Bundestagswahl 2017, S. 94

gesellschaftlichen Wandel" Rechnung tragen, die Definition des Embryos in § 8 ESchG revidieren, Eizellspenden und Leihmutterschaft legalisieren, die Präimplantationsdiagnostik ausweiten, um den Elective Single-Transfer zu ermöglichen, zum Zweck homosexueller Elternschaft das Abstammungsrecht reformieren[11] und das social freezing von Eizellen regeln. Wie Hohn klingt die Feststellung am Ende des Papiers, dass die Leopoldina „als Nationale Akademie Deutschlands… zu wissenschaftlichen Grundlagen politischer und gesellschaftlicher Fragen unabhängig Stellung nimmt" und zu diesem Zweck „unabhängige Expertisen von nationaler und internationaler Bedeutung" erarbeitet.[12] Die Leopoldina degradiert sich mit diesem Papier zur Lobby der Reproduktionsmedizin. Der Standpunkt des Kindes kommt nicht vor. Martin Spiewak, 2002 noch ein scharfer Kritiker des „Labyrinths der Fortpflanzungsmedizin",[13] geriert sich nun in der „Zeit" als journalistischer Verstärker der Leopoldina. Das ESchG sei ein Frauen und Homosexuelle diskriminierendes Gesetz zum Schutz eines „wenige Stunden alten Zellhaufens". Er fordert die Legalisierung des gesamten Arsenals der Reproduktionsmedizin.[14]

Auch die Rechtsprechung ist zunehmend mit der Reproduktionsmedizin und insbesondere der Leihmutterschaft befasst. Von den 28 Mitgliedsstaaten der EU haben 18 die Leihmutterschaft verboten. Während Gerichte in Frankreich, Spanien, Italien und der Schweiz die Anerkennung der Auftraggeber einer Leihmutterschaft als Eltern bereits ablehnten und der Europäische Gerichtshof für Menschenrechte mit seinem Urteil vom 24. Januar 2017 das italienische Verbot der Leihmutterschaft bestätigte[15], hat der Bundesgerichtshof 2014 die Elternschaft der deutschen Auftraggeber einer kalifornischen Leihmutterschaft anerkannt. Das OLG Braunschweig wiederum hat am 12. April 2017 die Anerkennung der rechtlichen Elternschaft eines Ehepaares für in den USA von einer Leihmutter ausgetragene Zwillingskinder abgelehnt und sich damit auch gegen die Entschei-

---

11   Dazu hat der Arbeitskreis Abstammungsrecht in seinem Abschlussbericht im Juli 2017 (hrsg. vom Bundesministerium für Justiz und Verbraucherschutz, Köln 2017, S. 70f.) bereits Reformempfehlungen vorgelegt, die die Gleichstellung einer „Mit-Mutter" mit einem Vater vorsehen.

12   Deutsche Akademie der Naturforscher Leopoldina, Hrsg., Ein Fortpflanzungsmedizingesetz für Deutschland, Halle 2017, S. 12

13   Spiewak (2002)

14   Spiewak (2017)

15   Case of Paradiso and Campanelli vs Italy, EGMR 25358/12

dung eines US-Gerichts ausgesprochen. Die kommerzielle Leihmutterschaft verstoße gegen wesentliche Grundsätze des nationalen Rechts.[16]

3 Die Menschenwürde des Embryos

Welche Gründe sprechen gegen die Forderung, das ESchG durch ein Fortpflanzungsmedizingesetz abzulösen? Es gibt eine Reihe pragmatischer Gründe, die gegen diese Forderung sprechen, aber auch prinzipielle Gründe, die sich aus dem Charakter des menschlichen Zeugungsgeschehens ergeben und die nicht nur gegen ein Fortpflanzungsmedizingesetz, sondern gegen die assistierte Reproduktion selbst sprechen. Sowohl die pragmatischen als auch die prinzipiellen Gründe setzen voraus, dass bei der Therapie unfreiwilliger Kinderlosigkeit nicht nur die Reproduktionsfreiheit Erwachsener, sondern auch der Standpunkt des Kindes im Auge behalten wird. Die Legitimität einer reproduktionsmedizinischen Intervention hängt also davon ab, dass sich der intervenierende Mediziner der Tatsache bewusst bleibt, dass er es mit einem Objekt eigener Art zu tun hat, einem Objekt, das zugleich Subjekt ist, das Rechte und Interessen hat, die er wie ein Treuhänder wahrzunehmen hat. Er hat sich bei seinen Interventionen in die Reproduktion zu fragen, ob er die Zustimmung des Kindes unterstellen kann. Da dies seine therapeutischen Möglichkeiten erheblich beschränkt, blendet der Reproduktionsmediziner den Standpunkt des Kindes in der Regel aus.

Als Subjekt aber ist das Kind unabhängig von seinem Entwicklungsstand Person. Als Person kommt ihm ein Status zu, der nicht von anderen verliehen wird, sondern ihm kraft Existenz eigen ist. Die Verwendung des Begriffs „Person" ist, so Robert Spaemann, „gleichbedeutend mit einem Akt der Anerkennung bestimmter Verpflichtungen gegen denjenigen, den man so bezeichnet".[17] Der mit der Existenz gegebene moralische Status der Person ist ihre Würde. Diese Würde hängt weder von Verdienst noch von Zuerkennung ab. Sie ist nicht teilbar, in keiner Phase seines Lebens existiert der Mensch ohne sie, und sie kommt allen Menschen gleicherweise zu. „Die Würde des Menschen ist unantastbar. Sie zu achten und zu schützen ist Verpflichtung aller staatlichen Gewalt", so beginnt Art.1 Abs.1 des Grundgesetzes. Würde haben bedeutet somit, ein Rechtssubjekt zu sein, „niemals und nirgends rechtlos da zu stehen... kein Mensch fängt also –

---

16   OLG Braunschweig Az.: 1 UF 83/13
17   Spaemann (1996), 26

rechtlich betrachtet – bei Null an."[18] Weil er Würde hat, hat er unverletzliche und unveräußerliche Menschenrechte. Der wohl komponierte Art.1 GG bringt dies in Abs. 2 mit dem Wort „darum" zum Ausdruck. „Das deutsche Volk bekennt sich darum zu unverletzlichen und unveräußerlichen Menschenrechten als Grundlage jeder menschlichen Gemeinschaft, des Friedens und der Gerechtigkeit in der Welt". Dieses Bekenntnis des Grundgesetzes hat für die Menschenrechte keine konstitutive, sondern deklaratorische Bedeutung - eine kopernikanische Wende in der deutschen Verfassungsgeschichte.

Die Menschenwürde ist die Beschreibung eines privilegierten Status des Menschen in der Natur. Dieser privilegierte Status kann philosophisch mit dem Begriff „animal rationale" oder theologisch mit dem Begriff „imago dei" umschrieben werden. Sie lässt sich religiös, aber auch säkular begründen. Eine religiöse Begründung ist zwar tiefer, reicher und auch schöner, weil sie den privilegierten Status des Menschen mit seiner Herkunft und seiner transzendenten Zukunft verbindet. Aber sie ist nicht zwingend, um über die Menschenwürde zu reden. Eine säkulare, an Kant orientierte Begründung ist keine Begründung, die der religiösen widerspricht oder religiöse Wahrheiten in Frage stellt. Für Kant ist allein der Mensch Person, d. h. Subjekt einer moralisch-praktischen Vernunft, als solches über allen Preis erhaben und Zweck an sich selbst. Deshalb besitzt er Würde. Sein privilegierter Status ist zugleich eine Verpflichtung. Er hat die Menschenwürde gegen sich selbst und gegen andere zu achten. Er ist nicht nur animal rationale, sondern auch animal morale.

Die Menschenwürde ist, wie in der Menschenrechtserklärung der Vereinten Nationen vom 10. Dezember 1948, die Basis einer interkulturellen Verständigung über die Grundsätze menschlichen Zusammenlebens in der Gesellschaft, im Staat und in den internationalen Beziehungen. Sie ist ein schlechthin erster Anfang, von dem alles andere ausgeht, „eine selbstevidente, aus sich heraus einsichtige Wahrheit,... ein höchstes Moral- und Rechtsprinzip", das sich zwar auf eine biologische Eigenschaft bezieht, ohne selbst aber eine solche zu sein.[19] Als Moral- und Rechtsprinzip verlangt die Menschenwürde von jedem, jeden, der Menschenantlitz trägt, also zur Gattung Mensch gehört bzw. ein „Jemand" und nicht ein „Etwas" ist, zu achten, ihn nicht „zum Objekt, zu einem bloßen Mittel, zur vertretbaren Größe" herabzuwürdigen, so die berühmte Interpretation des Art. 1 GG durch den Tübinger Verfassungsrechtler Günter Dürig, die

---

18   Hillgruber (2004), 4; Böckenförde (2003), 810
19   Höffe (2002), 114f.

Rechtswissenschaft und Rechtsprechung viele Jahre bestimmte.[20] Sie verlangt, das Leben, die Freiheit und die Gleichheit des Menschen zu respektieren. Leben, Freiheit und Gleichheit sind der Kern jener unverletzlichen und unveräußerlichen Menschenrechte, die das Grundgesetz in der Menschenwürde begründet. Insofern zeigen auch die Artikel 2 und 3 des Grundgesetzes, dass die Verfassung wohl komponiert ist. Der Achtungspflicht entspricht eine Unterlassungspflicht, alles zu vermeiden, was Leben, Freiheit und Gleichheit bedroht. Der Unterlassungspflicht wiederum entspricht die Schutz- bzw. Interventionspflicht des Staates, die Würde des Menschen gegen Handlungen zu verteidigen, die Leben, Freiheit und Gleichheit verletzen. Die sich aus der Menschenwürde ergebende Achtungspflicht erstreckt sich auf alle Menschen und auf den Menschen in jeder Phase seines Lebens, mithin auch auf den Embryo. „Wo menschliches Leben existiert", so das Bundesverfassungsgericht in seinem ersten Abtreibungsurteil 1975, „kommt ihm Menschenwürde zu; es ist nicht entscheidend, ob der Träger sich dieser Würde bewusst ist und sie selbst zu wahren weiß. Die von Anfang an im menschlichen Sein angelegten potentiellen Fähigkeiten genügen, um die Menschenwürde zu begründen".[21]

Dass die Menschenwürdegarantie auch dem Embryo zukommt, wird in der Bioethikdebatte häufig bestritten. Der Zweck des Bestreitens liegt auf der Hand. Wenn die Menschenwürde dem Embryo nicht zukommt, hat die Reproduktionsmedizin wie auch die Forschung an und mit embryonalen Stammzellen freie Bahn. Die Entwicklung einer befruchteten Eizelle mit dem doppelten Chromosomensatz trägt jedoch von Anfang an das volle Lebensprogramm für die Entwicklung eines Menschen in sich. Weder die Nidation noch die Geburt noch sonstige Zäsuren sind mit einer genetischen Nachbesserung verbunden. Deshalb ist „die natürliche Finalität der befruchteten menschlichen Eizelle... eine Vorgegebenheit des Rechts. Deshalb steht der Embryo unter dem Schutz der Menschenwürdegarantie".[22] Dies lässt sich auch nicht dadurch in Abrede stellen, dass die Menschenwürde an bestimmte Kriterien gebunden wird, bei denen unterstellt wird, dass sie der Embryo nicht erfüllt. Für Volker Gerhardt kommt dem Embryo keine Menschenwürde zu, weil er noch „kein Diskurspartner" sei.[23] Wolfgang Kersting spricht dem Embryo die Menschenwürde ab, weil er nicht „als

---

20   Dürig (1956), 127

21   BVerfGE 39, 1 (41)

22   Starck (2001); Starck (2002), 1065ff.; Starck (2003)

23   Gerhardt (2001)

gleichberechtigter Partner in menschenrechtlich geregelten Gegenseitigkeitsver-
hältnissen betrachtet werden" könne.[24] Für Reinhard Merkel und Julian Nida-
Rümelin kommt ihm die Menschenwürde nicht zu, weil er noch empfindungsun-
fähig und damit subjektiv nicht verletzbar sei bzw. in seiner Selbstachtung noch
nicht beschädigt werden könne.[25] Diese Kriterien zwingen zu dem Schluss, dass
jeder Autor beansprucht, die Menschenwürde und damit das Menschsein neu zu
definieren. Jeder Embryo, aber auch jeder Behinderte muss dann fürchten, seinen
Status als Person zu verlieren, weil er eine neu definierte Zulassungshürde nicht
überwindet. Die Argumente, die für die Zweifel an der Menschenwürde des
Embryos ins Feld geführt werden, sind deshalb wenig überzeugend. Sie bedro-
hen das Lebensrecht des Embryos, den Kern seiner Würde.

4   Menschenwürde und Reproduktionsmedizin

Nicht alle Probleme, mit denen sich die Reproduktionsmedizin auseinanderset-
zen muss, haben etwas mit der Menschenwürde zu tun. Dass die Erfolgsquoten
der IVF- und ICSI-Behandlungen unter 20% liegen, dass die Reproduktionsmediziner mit gelungener Schwangerschaft ein anderes Erfolgskriterium haben als
die Eltern, für die nur die Baby-Take-Home-Rate relevant ist, dass die Fehlbil-
dungsrate bei Kindern nach IVF und ICSI deutlich höher ist als bei natürlicher
Zeugung, dass auch die Mehrlingsraten und die daraus resultierenden Frühgebur-
ten mit ihren Gesundheitsbelastungen höher sind, dass Schwangerschaften mit
einer genetisch fremden Eizelle, also Leihmutterschaften, in deutlich höherem
Maße risikobehaftet sind als solche, die mit einer eigenen Eizelle zustande
kommen,[26] dass schließlich die Verfahren der assistierten Reproduktion ohne
Prüfung ihrer Wirkungs- und Schädigungspotentiale eingeführt wurden, all dies
beschäftigt zwar die Medizin, kollidiert aber noch nicht mit der Menschenwürdegarantie.

Mit der Menschenwürde und der aus ihr abgeleiteten Pflicht, alles zu unterlassen, was Leben, Freiheit und Gleichheit des Embryos existentiell bedroht, kollidiert aber eine Reihe anderer Aspekte der künstlichen Befruchtung. Die Herstellung von Embryonen, die nie eine Chance haben, geboren zu werden, die einge-

---

24   Kersting (2001)
25   Nida-Rümelin (2001); Merkel (2001a); Merkel (2001b), 64
26   Lenzen-Schulte (2017)

froren oder verworfen werden, ist ein Verstoß gegen das Recht auf Leben und die Würde des Menschen. Der offenkundigste, weil empirischer Beobachtung am leichtesten zugängliche Verstoß ist der euphemistisch „Mehrlingsreduktion" oder „fetale Reduktion" genannte Fetozid nach erfolgreicher Implantation mehrerer Embryonen, also die Tötung eines Embryos oder mehrerer Embryonen in der Gebärmutter, wenn sich mehr als gewünscht eingenistet haben. Das DIV-Register 2015 weist 292 „fetale Reduktionen" aus, bei denen 394 Embryonen getötet wurden.[27] Das Register für 2016 weist 227 „Mehrlingsreduktionen" mit 303 getöteten Embryonen aus.[28] Die Reproduktionsmedizin spielt mit dem Leben des künstlich erzeugten Kindes. Der Transfer von mehreren Embryonen in die Gebärmutter soll die Chance auf Schwangerschaft und Geburt erhöhen, birgt aber zugleich das tödliche Risiko der „Mehrlingsreduktion". Die Lage für die Eltern ist dramatisch. Die künstliche Befruchtung zwingt sie zu paradoxen Entscheidungen. Sie wollen ein Kind, entschließen sich aber bei der Mehrlingsreduktion gleichzeitig, eines oder mehrere töten zu lassen, eine Beziehung zwischen Geschwistern zu zerstören und dem überlebenden Embryo ein Heranwachsen an der Seite des getöteten Bruders bzw. der getöteten Schwester zuzumuten – bleibt der getötete Embryo doch bis zur Geburt des lebenden in der Gebärmutter. Angesichts der Erkenntnisse der Entwicklungspsychologie und insbesondere der pränatalen Psychologie über die Einflüsse psychischer und sozialer Faktoren auf die Entwicklung des Embryos[29] sollte es verwundern, wenn der Fetozid nicht auch für den verbleibenden Embryo eine schwere Hypothek ist. Auch die Eltern und insbesondere die Mutter bringt er in eine schizophrene Situation. Ihr Kinderwunsch geht in Erfüllung um den Preis einer Kindstötung. Der Erfolg der In-Vitro-Fertilisation wird erkauft mit der psychischen Destabilisierung der Mutter.[30] Kein Arzt und kein Psychologe kann das der künstlichen Befruchtung immanente Dilemma zwischen Kinderwunsch und Kindertötung auflösen.

Auch die Kryokonservierung von Embryonen, verstößt m.E. gegen die Menschenwürde. Die Kryokonservierung von Embryonen ist in Deutschland zwar verboten, nicht aber die von „Vorkernstadien". Diese Vorkernstadien sind mit dem Spermium befruchtete weibliche Eizellen, bei denen die Zellkerne noch nicht verschmolzen sind. Sie werden erzeugt für den Fall, dass ein weiterer Emb-

---

27   Deutsches IVF-Register 2015, S. 18
28   Deutsches IVF-Register 2016, S. 24
29   Vgl. M. Cole / S.R. Cole (2002), 90ff.; Gross (2003), 182f.
30   Hepp (2007), 443

ryotransfer notwendig werden sollte, weil der erste erfolglos war, um so der Frau
die wiederholte Belastung einer riskanten Hormonstimulation zu ersparen. Die
Frage, wohin mit den kryokonservierten Embryonen,[31] wenn die Eltern sie nicht
mehr brauchen oder das Interesse an ihnen verloren haben, stürzt die Reproduktionsmedizin und die Eltern in ein unlösbares Dilemma. Sie haben die Wahl
zwischen Embryonenspende, Tötung, Nutzbarmachung für die Forschung oder,
besonders makaber, mittels der australischen Firma „Baby Bee Hummingbird",
ihrer Verarbeitung zu einem Schmuckstück. Tötung und Nutzbarmachung ver-
stoßen gleichermaßen gegen die Menschenwürde. Schon „die Dauerexistenz des
Embryos im Tiefkühlfach, aus der es kein Entrinnen gibt, ist menschenunwür-
dig".[32] Sie werden nicht mehr als Personen geachtet, sondern als Rohstoff ver-
wertet. Zu den gegen die Menschenwürde verstoßenden Zukunftsszenarien der
assistierten Reproduktion gehören auch das Drei-Eltern-Baby, bei dem einer
reifen Eizelle der Mutter der Zellkern entnommen und in eine entkernte Spen-
dereizelle transferiert wird, um einen vererbbaren genetischen Defekt in der
mitochondrialen DNA (Leigh-Syndrom) auszuschalten sowie die Befruchtung
von künstlichen Eizellen, die aus der Reprogrammierung ausgereifter Körperzel-
len hergestellt werden und die schwindelerregende Perspektive bieten, dass Sa-
men- und Eizelle vom gleichen Individuum stammen können.[33]

Wäre die assistierte Reproduktion mit der Menschenwürde vereinbar, wenn
die Probleme des Fetozids, der Mehrlingsraten und der überzähligen, kryokonservierten Embryonen gelöst wären, wenn also nur noch ein oder zwei Eizellen
befruchtet und ein oder zwei Embryonen transferiert würden? Es mag Reproduktionsmediziner geben, für die ein Fetozid und die Kryokonservierung von Embryonen nicht in Frage kommen und die ihren Patientinnen höchstens zwei Embryonen einpflanzen. Gibt es dennoch Gründe für eine Unvereinbarkeit von künstlicher Befruchtung und Menschenwürde, die diesen Problemen vorausliegen? Es
gibt solche Gründe – sowohl aus der Perspektive der Eltern als auch aus der des
Kindes.

Die menschliche Fortpflanzung ist mehr als ein technisches Verfahren. Sie ist
die Frucht einer intimen Beziehung von Vater und Mutter, die Frucht einer ge-
schlechtlichen Vereinigung, in der Mann und Frau viel mehr sind als Rohstoff-

---

31   In Großbritannien fanden zwischen 1991 und 2012 1,7 Millionen kryokonservierten Embryo-
     nen keine Verwendung mehr
32   Hillgruber (2003), 639
33   Heinemann (2017), 109ff.

lieferanten. Sie ist ein integraler Bestandteil der menschlichen Sexualität. Die Vereinigung von Mann und Frau im Geschlechtsakt ist nicht nur ein physiologischer Vorgang. Sie ist eine gegenseitige Hingabe und Übereignung, die den Leib und die Seele umfasst. Sie ist eine kommunikative Praxis von Personen unterschiedlichen Geschlechts, nicht ein Machen oder Herstellen. Das Kind ist deshalb mehr als das Produkt einer technischen Vernunft, das ein Reproduktionsmediziner in seinem Labor herstellt. Die leib-seelische Einheit der Vereinigung und des Zeugungsgeschehens geht durch die assistierte Reproduktion verloren. Schon 1985 hat die EKD in einer heute weithin vergessenen "Handreichung zur ethischen Urteilsbildung" auf die wechselseitigen Abhängigkeiten physischer und psychischer Vorgänge in Zeugung, Schwangerschaft und Geburt hingewiesen und vor dem Verlust der leib-seelischen Ganzheit des Zeugungsvorganges durch die IVF gewarnt.[34] Die katholische Kirche verteidigt in der Erklärung der Glaubenskongregation "Donum Vitae" (1987) den ehelichen Liebesakt in seiner leib-seelischen Ganzheit als den einzigen legitimen Ort, der der menschlichen Fortpflanzung würdig ist. Die Eheleute hätten das Recht und die Pflicht, "dass der eine nur durch den anderen Vater oder Mutter wird."[35] Die Fortpflanzung werde ihrer eigenen Vollkommenheit beraubt, wenn sie nicht als Frucht des ehelichen Liebesaktes, sondern als Produkt eines technischen Eingriffs angestrebt werde.

Mit der Verteidigung der Sexualität und des ehelichen Liebesaktes als einer leib-seelischen Einheit bringen die Kirchen zum Ausdruck, dass es eine Würde der menschlichen Fortpflanzung gibt, die gewiss vielfach missachtet wird, nicht nur in der künstlichen Befruchtung – die aber dennoch eine Voraussetzung gelingenden Lebens ist. Die EKD spricht von der "Würde werdenden Lebens", die katholische Kirche von der "Würde der Fortpflanzung".[36] Die Menschenwürde und die aus ihr abgeleitete Pflicht, den anderen Menschen nicht ausschließlich als Instrument – zur Erfüllung des Kinderwunsches – zu benutzen, gebieten eine

---

34   Von der Würde werdenden Lebens. Extrakorporale Befruchtung, Fremdschwangerschaft und genetische Beratung. Eine Handreichung der EKD zur ethischen Urteilsbildung, Hannover 1985, Ziffer 2.7.

35   Kongregation für die Glaubenslehre, Instruktion über die Achtung vor dem beginnenden menschlichen Leben und die Würde der Fortpflanzung „Donum Vitae" vom 10.3.1987, II. 1 und II. 4. Vgl. auch Katechismus der Katholischen Kirche (1993) 2376 und 2377. Schon in der Enzyklika „Humanae Vitae" hat Paul VI. 1968 von der ehelichen Liebe als einer zugleich sinnenhaften und geistigen Liebe gesprochen (Ziffer 9).

36   Die beiden Kirchen unterscheiden sich nicht in der Kritik der künstlichen Befruchtung. Sie unterscheiden sich jedoch im Grad der Ablehnung. Die EKD rät zu „genereller Zurückhaltung", die katholische Kirche lehnt sie als „in sich unerlaubt" ab. Vgl. Donum Vitae II. 5.

Form der Fortpflanzung, in der sich Mann und Frau als Personen begegnen und im biblischen Sinne "erkennen". Sie gebieten, in Zeugung und Schwangerschaft nicht nur technische Vorgänge, sondern anthropologische Grundbefindlichkeiten zu sehen.[37] Indirekt bestätigt wird die Position der Kirchen durch kritische Berichte von Frauen, die sich einer IVF- oder ICSI-Behandlung unterzogen und die Verfahren der Hormonstimulation, der Follikelpunktion, der Befruchtung im Labor und der Implantation als Verletzung ihrer Würde empfunden haben,[38] aber auch durch feministisch orientierte wissenschaftliche Untersuchungen, die einerseits diese Eindrücke betroffener Frauen bestätigen, andererseits die Marginalisierung des Mannes in einer IVF- oder ICSI-Behandlung problematisieren.[39] Auch die Scheidungsrate, die bei Paaren, die sich einer IVF-Behandlung unterzogen haben, mehr als doppelt so hoch liegt wie bei anderen Ehepaaren, signalisiert ein Problem.[40] Die assistierte Reproduktion scheint der Beziehung ungewollt kinderloser Paare eher zu schaden als zu helfen. Dass Eltern, die unter der Kinderlosigkeit leiden, das Problem auch auf andere, adäquatere Weise lösen können, zeigen die Ergebnisse der psychologischen Paartherapie bei langjährig ungewollt kinderlosen Paaren, deren Erfolgsraten über denen der assistierten Reproduktion liegen,[41] aber auch die Verfahren zur Verbesserung der natürlichen Fertilität wie FertilityCare, Sensiplan und NaProTechnology.[42]

Welche Gründe sprechen aus der Perspektive des Kindes gegen die künstliche Befruchtung? Es ist von seinen Eltern gewünscht. Das unterscheidet es nicht von den meisten natürlich gezeugten Kindern. Aber es ist im Unterschied zu diesen nicht die Frucht des ehelichen Liebesaktes, die zwar erhofft, aber nie gemacht werden kann, sondern das Produkt des Reproduktionsmediziners. Es verdankt seine Entstehung einem technischen Verfügungs- und Herrschaftswissen, einer "instrumentellen Vernunft", die schon Aristoteles als Poiesis deutlich von der Praxis als dem richtigen Handeln des Menschen im Hinblick auf sein letztes Ziel unterschieden hat. Das Kind befindet sich in einer existentiellen Abhängigkeit von denen, die es machen, nicht erst dann, wenn es deren Erwartungen nicht

---

37   Vgl. auch Spaemann (1987), 91f.

38   Telus (2000), 21ff.; Zuber-Jerger (2002), A 617ff.

39   Barbian und Berg (1997), 74ff.

40   de Jong (2002), 17

41   Hölzle u. a. (2000), 170. Vgl. auch de Jong (2002), 202ff.

42   Steinmann (2017) gibt einen Überblick über diese Verfahren und stützt sich vor allem auf Susanne van der Velden, die am Katholischen Karl Leisner-Klinikum in Kleve eine Fertility Care-Klinik leitet.

erfüllt. Diese bedingte Existenz widerspricht der Symmetrie der Beziehungen, die eine wesentliche Voraussetzung für interpersonale Beziehungen und für den egalitären Umgang von Personen ist.[43] Sie widerspricht seiner fundamentalen Gleichheit als Mensch wie auch seiner Freiheit. Jeder will von den anderen anerkannt werden, nicht weil seine Existenz deren Wunsch oder Gefallen entspricht, sondern aufgrund seiner bloßen Existenz. Damit verletzt die künstliche Befruchtung die Menschenwürde, auch wenn der künstlich erzeugte Mensch nach seiner Geburt zum geliebten Kind seiner Eltern wird, sich normal entwickelt und als Mitbürger die gleichen Rechte und Pflichten hat wie jeder andere.

Kann man dem Kind das Recht zusprechen, auf natürliche Weise gezeugt und nicht im Labor eines "Kinderwunsch-Zentrums" produziert zu werden? Selbst wenn man einen derartigen Rechtsanspruch verneint mit der Begründung, niemand könne vor seinem Dasein ein subjektives Recht geltend machen, so lassen sich aus der Menschenwürde doch Pflichten für die Eltern ableiten, die nicht erst mit der Geburt oder der Nidation des Kindes einsetzen, sondern bereits seine Zeugung betreffen. Die erste Pflicht der Eltern ist die, das Kind vom ersten Augenblick seiner Existenz an als Person und damit als Subjekt zu achten. Es ist weder ihr Produkt noch ihr Eigentum. Es ist mit ihnen mit Leib und Seele, nicht nur mit der Nabelschnur verbunden. Dem entspricht ein Recht des Kindes, von der Empfängnis an als Person geachtet zu werden und seine Abstammung zu kennen, also einen Vater und eine Mutter zu haben. Es hat ein Recht, seine Existenz auf Grund einer menschenwürdigen Empfängnis zu beginnen, mithin nicht als zertifiziertes Laborprodukt ins Leben zu treten oder als Ware behandelt zu werden. Es hat das Recht, "die Frucht des spezifischen Aktes der ehelichen Hingabe seiner Eltern zu sein".[44] Diese Verteidigung des Geschlechtsaktes seitens der katholischen Kirche ist zugleich eine Verteidigung der Würde des Kindes. Sie findet eine Bestätigung sowohl in feministischen als auch in liberalen Positionen. Theresia Maria de Jong schließt ihr Buch "Babys aus dem Labor. Segen oder Fluch?" mit einem Plädoyer für "das Recht des Kindes auf eine natürliche Empfängnis".[45] Es sei an der Zeit, dass die Öffentlichkeit merkt, dass die Herstellung von Kindern nicht wirklich im Interesse der Frauen, der so entstandenen Kinder und ihrer Väter ist. Michael J. Sandels „Plädoyer gegen die Perfektion" ist zugleich ein Plädoyer für die natürliche Zeugung, dafür, „Kinder als Gabe zu

---

43   Habermas (2002), 62, 131; Sandel (2015), 100f.
44   Donum Vitae, II. 8
45   de Jong (2002), 224

schätzen, … sie zu akzeptieren, wie sie sind, nicht als Objekte unseres Entwerfens oder als Produkte unseres Willens oder als Instrumente unserer Ambitionen".[46]

5 Der Weg in die eugenische Gesellschaft

Die assistierte Reproduktion hat den Weg geöffnet für eine Technisierung und Zertifizierung der Zeugung. Der Weg führt mit logischer Konsequenz vom zertifizierten Qualitätsmanagement des reproduktionsmedizinischen Labors zum Qualitätsmanagement seines Produkts, mithin zu einer eugenischen Geburtenplanung. „Wenn wir eines Tages ein Gen hinzufügen können, um Kinder intelligenter oder schöner oder gesünder zu machen", so der Molekularbiologe James Watson, der für seine Entdeckung der DNA-Struktur 1962 den Nobelpreis erhielt, „dann sehe ich keinen Grund, das nicht zu tun... Wenn wir in der Lage sind, die Menschheit zu verbessern, warum nicht?"[47] Die eugenische Mentalität wird nicht verheimlicht. Mit dem 2012 (von den Molekularbiologinnen Emmanuelle Charpentier und Jennifer Doudna) entwickelten Verfahren, mittels einer Genschere (CRISPR-Cas 9) in die DNA-Struktur einzugreifen, Gene herauszuschneiden oder einzuführen, ist die Versuchung, den Menschen genetisch zu manipulieren, erneut gestiegen.

Die eugenische Gesellschaft ist die Konsequenz der prometheischen Anmaßung des Menschen, sein Leben nicht mehr als geschenkte Gabe, sondern als eigenes Produkt zu betrachten. Diese Anmaßung führt zu einer neuen Zwei-Klassen-Gesellschaft, in der den Machern die Gemachten, den biotechnischen Ingenieuren ihre eigenen Produkte gegenüberstehen. Dies untergräbt die Voraussetzung einer freien Gesellschaft, die ontologische Gleichheit ihrer Mitglieder. An Warnungen vor dieser neuen Zwei-Klassen-Gesellschaft fehlt es nicht. Die biomedizinischen Handlungsmöglichkeiten dekonstruieren, so Robert Spaemann, „die Differenz zwischen Person und Sache", also die Grundlagen der Menschenwürde und der rechtsstaatlichen Ordnung.[48] Sie verändern, so Jürgen Habermas, „unser gattungsethisches Selbstverständnis" und die „intuitive Unterscheidung zwischen Gewachsenem und Gemachtem, Subjektivem und Objekti-

---

46   Sandel (2015), 67
47   Watson (2005)
48   Spaemann (2009), 39ff.

vem".[49] Sie desavouieren, so Clemens Kauffmann, „das vertragstheoretische Legitimationsmodell des liberalen Staates".[50] Das eugenische Bestreben, das Geheimnis der Geburt zu beherrschen, verdirbt, so Michael J. Sandel, „die Elternschaft als soziale Praxis, die vom Standard voraussetzungsloser Liebe bestimmt ist".[51] Werde die genetische Optimierung erst einmal akzeptiert, dehnt sich die Verantwortung „in erschreckende Dimensionen aus. Eltern werden verantwortlich dafür, die richtigen Eigenschaften ihrer Kinder ausgewählt oder nicht ausgewählt zu haben".[52] Sandels Plädoyer „gegen die Perfektion" ist ein Plädoyer dafür, das Leben als Gabe anzuerkennen.

Wenn der Mensch „nicht mehr aus dem Geheimnis der Liebe heraus, über den letztlich ja doch geheimnisvollen Vorgang der Lebenszeugung und der Geburt" entstehe, so Joseph Ratzinger in vielen Publikationen seit Mitte der 90er Jahre wie auch in seinem Dialog mit Jürgen Habermas in München 2004, sondern „industriell als Produkt", ist er von anderen Menschen gemacht und entwürdigt.[53] Die unter seiner Leitung erarbeitete Instruktion der Glaubenskongregation „Donum Vitae" lehnt deshalb die assistierte Reproduktion ab. Sie widerspricht „der Würde und der Gleichheit, die Eltern und Kindern gemeinsam sein muss".[54]

Die assistierte Reproduktion hat auch erhebliche Konsequenzen für die natürliche Zeugung. Sie hat die Pränataldiagnostik verändert.[55] Die „anderen Umstände", in denen sich eine Schwangere befindet, die sich einer PND unterzieht, sind nicht mehr die „guter Hoffnung", sondern die des Abwartens, bis die Ergebnisse der PND vorliegen. An die Stelle der „guten Hoffnung" tritt das Bangen und Sich Ängstigen, weil die Schwangere ihr Kind erst akzeptieren will, wenn die PND ihr bescheinigt hat, dass es medizinisch unauffällig ist. So verdrängt die Schwangere ihre natürliche Neigung, sich über das Kind zu freuen und es zu beschützen. Der noch ausstehende Befund der PND zwingt sie dazu, möglichst distanziert zu den eigenen Gefühlen zu bleiben, um den schwer erträglichen Zustand einer Schwangerschaft auf Probe auszuhalten. Die PND verzögert mithin nicht nur den inneren Dialog der Schwangeren mit dem Kind, sie verwandelt

---

49   Habermas (2002), 85

50   Kauffmann (2011), 11

51   Sandel (2015), 102f.

52   Ebd., 109. Vgl. auch Habermas (2002), 138: Jede Person könne „fortan die Zusammensetzung seines Genoms als Folge einer vorwerfbaren Handlung oder Unterlassung betrachten".

53   Ratzinger (2000), 115; Ratzinger (2005), 45

54   Donum Vitae, II.5

55   Spieker (2012), 261ff.

die Schwangerschaft von einer natürlichen Lebensphase in einen Risikozustand, der durch ständige Überwachung kontrolliert werden soll. Die Schwangere empfindet Schwangerschaft als Produktionsprozess, der ihr die Illusion einer aktiven Produzentin vermittelt. Was in einer Schwangerschaft zählt, ist das Produkt und seine Qualität und weniger die Beziehung zwischen der Mutter und dem Kind. Ein Leben im Wahn der Optimierung. Von Anfang an. Um jeden Preis. Eltern bekommen diesen Druck besonders zu spüren. Vollkommene Eltern von vollkommenen Kindern sollen sie sein.[56] Eine ungetestete Schwangerschaft gilt als verantwortungslos. Ein behindertes Kind, das die Schwangerschaft übersteht und zur Geburt gelangt, gilt als „Versäumnis der Frau".

Wir sind, warnt Francis Fukuyama, auf einem Weg in eine „posthumane Zukunft". Eines Tages befinden wir uns „auf der anderen Seite der Wasserscheide zwischen humaner und posthumaner Geschichte" und haben nicht einmal bemerkt, „wie wir den Kamm überschritten haben".[57] Der Kamm, das ist die Trennung von Zeugung und Geschlechtsakt. Diese Trennung von Zeugung und Geschlechtsakt ist nicht nur ein Thema von Zukunftsromanen (George Orwells „1984" und Aldous Huxleys „Schöne neuer Welt")[58], sondern auch von Jugendromanen[59] und von medizinischen Lehrbüchern, und sie gilt in letzteren nicht als Schreckensvision, sondern als Fortschritt. Christian Lauritzen, Ehrenmitglied der DGGG, begeisterte sich als in einem Geleitwort zu einem reproduktionsmedizinischen Standardwerk für die Trennung von Fortpflanzung und Sexualität und die Mitwirkung der Gynäkologen bei der Zeugung neuer Menschen. Die In-Vitro-Fertilisation sei ein „epochaler Fortschritt", weil der Frauenarzt durch sie nicht „nur Geburtshelfer" sei, sondern „direkt beim Vorgang der Zeugung mit(wirkt)" und sie „nach außerhalb des Mutterleibs" verlegt. Jetzt sei „nicht einmal mehr ein Geschlechtsakt nötig, um eine Befruchtung zu erzielen".[60]

Wenn diese Verblendung weder durch eine selbstkritische Medizin noch durch junge Paare, die Eltern werden wollen, aufzubrechen ist, dann ist in der Tat die Politik gefordert. Sie hat in einem Reproduktionsmedizingesetz nicht das Arsenal der assistierten Reproduktion zu legalisieren, sondern der Reproduktionsfreiheit Grenzen zu setzen und dem Lebensrecht und der Würde des Embryos Geltung zu verschaffen. Children on demand können nicht das Ziel der assistier-

---

56   Hey (2012), 14
57   Fukuyama (2002), 147
58   Orwell (2003), 246; Huxley (2003), 39f., 112
59   Rabisch (2009)
60   Lauritzen (1995), VI

ten Reproduktion sein. Die verbreitete Ansicht, der technische Fortschritt ließe sich nicht aufhalten oder nationale Regeln seien angesichts der Globalisierung ineffizient, ist überwindbar. Wolfgang Huber hat als Ratsvorsitzender der EKD 2001 die assistierte Reproduktion in Frage gestellt und auf das Beispiel der Kernenergie verwiesen, um deutlich zu machen, dass auch bei großen Technologien neue Erkenntnisse und Revisionen möglich sind, die zur Umkehr auffordern. Nach dem Unglück von Fukushima hat die Bundesregierung 2011 diese Umkehr vollzogen. Die Menschenwürde gebietet eine solche Umkehr auch in der assistierten Reproduktion.

Literaturverzeichnis

Barbian, E. / Berg, G. 1997. Die Technisierung der Zeugung. Die Entwicklung der In-Vitro-Fertilisation in der Bundesrepublik Deutschland. Pfaffenweiler: Centaurus

Bernard, A. 2014. Kinder machen. Neue Reproduktionstechnologien und die Ordnung der Familie. Frankfurt: FISCHER Taschenbuch

Böckenförde, E.-W..2003. Menschenwürde als normatives Prinzip. Die Grundrechte in der bioethischen Debatte. In: Juristen-Zeitung, 58. Jg: 809-814

Cole, M. / Cole, S.R. 2002. The development of Children. New York: Worth

De Jong, T.M. 2002. Babys aus dem Labor. Segen oder Fluch? Weinheim: Beltz

Dürig, G. 1956. Der Grundrechtssatz von der Menschenwürde. In: Archiv des öffentlichen Rechts 81: 117-157

Fukuyama, F.. 2002. Das Ende des Menschen. Stuttgart: Deutsche Verlags-Anstalt (DVA)

Gerhardt, V. 2001. Der Embryo ist kein Diskurspartner. Interview. In: Die Welt vom 5.7.2001

Gross, W. 2003. Was erlebt ein Kind im Mutterleib? Ergebnisse und Folgerungen der pränatalen Psychologie, 3. Aufl. Freiburg: Herder

Habermas, J. 2002. Die Zukunft der menschlichen Natur. Auf dem Weg zu einer liberalen Eugenik?, erweiterte Neuausgabe. Frankfurt: Suhrkamp

Heinemann, T. 2017. Menschliche artifizielle Keimzellen. In. Zeitschrift für Lebensrecht (ZfL), 26. Jg.: 109-114

Hepp, H.. 2007. Höhergradige Mehrlingsschwangerschaft – klinische und ethische Aspekte. In: Frauenarzt 48: 440-447

Hey, M. 2012. Mein gläserner Bauch. Wie die Pränataldiagnostik unser Verhältnis zum Leben verändert. München: DVA

Hillgruber, C. 2003. Recht und Ethik vor der Herausforderung der Fortpflanzungsmedizin und „verbrauchender Embryonenforschung". In: Bürgerliche Freiheit und christliche Verantwortung. Festschrift für Christoph Link. H. de Wall, M. Germann (Hrsg.), 637-654. Tübingen: Mohr Siebeck

Hillgruber, C. 2004. Die Würde des Menschen – passé? Verfassungsrechtliche Anmerkungen zur bioethischen Debatte. In: Zentralkomitee der deutschen Katholiken,

Salzkörner. Materialien für die Diskussion in Kirche und Gesellschaft 10, Nr. 3 (5. Juli 2004)

Höffe, O. 2002. Menschenwürde als ethisches Prinzip. In: Gentechnik und Menschenwürde. An den Grenzen von Ethik und Recht. O. Höffe, L. Honnefelder, J. Isensee, J. Kirchhof (Hrsg.), 111-141. Köln: DuMont

Hölzle, C. 2000. Lösungsorientierte Paarberatung mit ungewollt kinderlosen Paaren. In Ungewollte Kinderlosigkeit, Psychologische Diagnostik, Beratung und Therapie, Hrsg. B. Strauß, 149-172. Göttingen: Hogrefe

Huxley, A. 2003. Schöne neue Welt, 61. Aufl.. Frankfurt: Fischer Taschenbuch.

Kauffmann, C. 2011. Einleitung. In Biopolitik im liberalen Staat, C. Kauffmann, H.-J. Sigwart (Hrsg.), 9-12. Baden-Baden: Nomos

Kersting, W. 2001. Hantiert, wenn es euch frei macht. In: FAZ vom 17.3.2001.

Lauritzen, C. 1995. Geleitwort. In: Moderne Fortpflanzungsmedizin, H.-R. Tinneberg, C. Ottmar (Hrsg.), Stuttgart/New York: Georg Thieme

Lenzen-Schulte, M. 2017. Wenn das Baby zum Fremdkörper wird. In: FAZ vom 12.4.2017

Merkel, R. 2001a. Die Abtreibungsfalle. In: Die Zeit vom 13.6.2001

Merkel, R. 2001b. Rechte für Embryonen? In: Biopolitik. Die Positionen. C. Geyer (Hrsg.), 51-64. Frankfurt: Suhrkamp

Nida-Rümelin, J. 2001: Wo die Menschenwürde beginnt. In: Der Tagesspiegel vom 3.1.2001.

Orwell, G. 2003. 1984. 37. Aufl.. München: Ullstein

Rabisch, B.. 2009. Duplik Jonas 7. München: DTV

Ratzinger, J. 2000. Gott und die Welt. Glauben und Leben in unserer Zeit. Ein Gespräch mit Peter Seewald. Stuttgart/München: DVA

Ratzinger, J. 2005. Was die Welt zusammenhält. Vorpolitische moralische Grundlagen eines freiheitlichen Staates. In: Dialektik der Säkularisierung. J. Habermas, J. Ratzinger (Hrsg.), 39-60. Freiburg: Herder

Sandel, Michael J. 2015. Plädoyer gegen die Perfektion. Ethik im Zeitalter der genetischen Technik, 3. Aufl. Berlin: Berlin University Press

Spaemann, R. 1987. Kommentar zu „Donum Vitae". In: Die Unantastbarkeit des menschlichen Lebens. Zu ethischen Fragen der Biomedizin. R. Spaemann (Hrsg.), 69-94. Freiburg: Herder

Spaemann, R. 1996. Personen. Versuche über den Unterschied zwischen ‚etwas' und ‚jemand'. Stuttgart: Klett-Cotta

Spaemann, Robert. 2009. Wann beginnt der Mensch Person zu sein? In: Biopolitik. Probleme des Lebensschutzes in der Demokratie. M. Spieker (Hrsg.), 39-50. Paderborn: Ferdinand Schöningh

Spieker, M. 2012. Von der zertifizierten Geburt zur eugenischen Gesellschaft. In: Imago Hominis, 19: 261-270

Spiewak, Martin. 2002. Wie weit gehen wir für ein Kind? Im Labyrinth der Fortpflanzungsmedizin. Frankfurt : Eichborn

Spiewak, M. 2017. Regelt das endlich! Das deutsche Embryonenschutzgesetz ist antiquiert, ungerecht und passt weder moralisch noch wissenschaftlich in unsere Welt. In: Die Zeit vom 19.10.2017

Starck, C. 2001. Hört auf, unser Grundgesetz zerreden zu wollen. In: FAZ vom 30.5.2001

Starck, C. 2002. Verfassungsrechtliche Grenzen der Biowissenschaft und Fortpflanzungsmedizin. In: Juristen-Zeitung, 57. Jg.: 1065-1072

Starck, C. 2003. Menschenwürde von Anfang an: Der Embryo ist ein Wer, kein Was. In: Die Welt vom 1.11.2003

Steinmann, E. 2017. Reproduktion geht auch katholisch. In: Die Tagespost vom 27.4.2017.

Telus, M. 2000. Trauma statt Baby. In: Gen-ethischer Informationsdienst Nr. 139 (April/Mai): 21-24

Watson, J. 2005. Interview mit der Zeitung „Die Welt" vom 12.9.2005

Zuber-Jerger, I. 2002. Zu hohe Risikobereitschaft. In: Deutsches Ärzteblatt 99: A 617-619

Künstliche Gebärmutter und Leiblichkeit

Ethische Reflexionen

Anthony McCarthy

1971 wurde in England das Manifest der Gay Liberation Front[1] veröffentlicht. Das ungeschminkt radikale Dokument erklärte:

> „Die Unterdrückung Homosexueller nimmt ihren Anfang in der grundlegendsten Einheit der Gesellschaft, der Familie .... Die besondere Form der Familie ist gegen Homosexualität gerichtet."

Unter der Unterüberschrift „Wir schaffen es" heißt es:

> „Weitere Entwicklungen stehen kurz davor, Frauen mit Hilfe der Entwicklung künstlicher Gebärmütter vollständig von ihrer Biologie zu befreien."

Gemäß dem Dokument hatten wir im Jahre 1971 beinahe ein „Stadium erreicht, in dem kein Gender-Rollen-System mehr notwendig ist".

> „Wir müssen mit den Frauen zusammenarbeiten, denn ihre Unterdrückung ist unsere Unterdrückung, und durch die Zusammenarbeit werden wir den Tag unserer gemeinsamen Befreiung vorverlegen."

Das Dokument verkündet eine utopische Vision einer familienfreien Zukunft für befreite, genderlose Individuen, unbelastet von nicht selbst gewählten Rollen. Unter ausdrücklicher Bezugnahme auf die künstliche Gebärmutter betont es deren Bedeutung für die sexuelle Revolution in der Zukunft. Heute, über vierzig Jahre später, ist die künstliche Gebärmutter dank jüngster Forschungen in den Schlagzeilen.

---

1   https://sourcebooks.fordham.edu/pwh/glf-london.asp. Zugegriffen: 28. März 2018

© Springer Fachmedien Wiesbaden GmbH, ein Teil von Springer Nature 2020
J. Hattler und J. C. Koecke (Hrsg.), *Biopolitische Neubestimmung des Menschen*,
Philosophische Herausforderungen der angewandten Ethik und Gesundheits-
wissenschaften/Philosophical Challenges of Applied Ethics and Health
Sciences, https://doi.org/10.1007/978-3-658-28943-0_6

Würde und Schwangerschaft

Die Rede über die Befreiung von unserer eigenen Biologie legt nahe, sich über die menschliche Natur sowie über unser Verständnis von Würde und Moral Gedanken zu machen. Eine Schwangerschaft, insofern sie wesentliche menschliche Bedürfnisse und natürliche Neigungen der menschlichen Leiblichkeit zum Ausdruck bringt, hat eine moralische Bedeutung, wenn Würde und Moral im Sinne dessen verstanden werden, wodurch sich unsere Natur verwirklicht.

Boethius bezeichnete in seiner berühmten Definition die Person als „eine individuelle Substanz rationaler Natur". Eine solche Definition ist kompatibel mit der aristotelischen Sichtweise des Menschen als leiblichem Wesen mit Vernunftbegabung, womit das Personsein gerade nicht als von aktuell gegebenen Fähigkeiten (wie Hirnfunktion, Bewusstsein, Intelligenz, physische und psychische Gesundheit) abhängig betrachtet wird.

Selbstverständlich beantwortet eine solche Definition nicht von sich aus unmittelbar die Frage nach der menschlichen Würde. Bekanntlich sieht Aristoteles, trotz seiner grundlegenden metaphysischen und ethischen Argumente über den Menschen, scheinbar keine Schwierigkeiten mit der im Griechenland seiner Zeit geläufigen Praxis, missgebildete Babys auszusetzen.[2] Hierzu merkt David Albert Jones an: „Ein Aspekt, in dem sich griechische Philosophie und christliche Offenbarung deutlich unterscheiden, ist die jeweilige Einstellung zur Abhängigkeit bzw. Unabhängigkeit. Für Aristoteles sollte der ideale, ethisch hochgesinnte Mann jede Form von Abhängigkeit zutiefst ablehnen. Er sollte, soweit als möglich, unabhängig sein. Thomas von Aquin andererseits erbittet sowohl Gottes Hilfe dazu, das, was er hat, mit denen in Not zu teilen, als auch dazu, das, was er selbst benötigt, demütig von anderen anzunehmen"[3].

Der Mensch findet letztlich Erfüllung, wenn er, je nach Lage der Dinge, Unterstützung anbietet oder diese bescheiden und dankbar annimmt. Die Würde der menschlichen Person bezieht sich nicht auf das rein Physische, sondern auf Geistiges (wenngleich natürlich verleiblicht). Die Person ist ein soziales Subjekt, das sich zu anderen in einer Weise in Beziehung setzen kann, wie es in der nichtpersonalen Welt unmöglich ist – d.h. in einer Welt ohne personale, vernunftbegabte Natur. Josef Seifert sagt über die Würde: „Sie existiert niemals als etwas, das mir subjektive Befriedigung schenkt: Dass die Person Würde hat, bedeutet, dass sie

---

2   Aristoteles, Politik, Buch VII
3   Jones (2009)

in sich wertvoll ist [...] Die menschliche Würde ist ein absoluter und objektiver Wert, der anders als Vergnügen nicht von subjektiven Präferenzen abhängt."[4] Diese ontologische Würde ist unverlierbar und dadurch unterscheidet sie sich von der erworbenen Würde, die sich in entsprechend würdevollem und vernünftigem Handeln darstellt, wenngleich die ontologische Würde durch unmoralisches Handeln verdunkelt werden kann.

In diesem Zusammenhang gewinnt die einmalige leibliche und personale Beziehung einer Schwangerschaft ihre Bedeutung, da sie den natürlichen Eintritt des Menschen in das Netz von Beziehungen darstellt, durch welches jeder Mensch seine spezifische Formung erfährt und auf welche jede Mutter und jedes Ungeborene natürlicherweise ausgerichtet sind.

Verfehlt wäre beim Blick auf das Wesen der Frau jede Andeutung, ihre Natur sei gegenüber der männlichen in irgendeiner Weise defizitär, denn die leibliche Ausstattung des Mannes entspreche eher dem Ideal des autonomen Akteurs. Die Fortpflanzungskapazitäten des weiblichen Körpers sollten deshalb niemals als Einschränkung der Autonomie, sondern als Einladung zur freien Ausrichtung auf die Grundlage menschlicher Beziehung verstanden werden. Grundlegende Gleichheit macht nur Sinn, wenn die Grundlage der menschlichen Würde richtig verstanden wird. Sie wird nicht verständlich durch die Reduzierung der Gleichheit des Menschen auf ein nicht-relationales männliches Paradigma, das die weibliche Biologie, speziell die weibliche Fortpflanzungsfähigkeit, der Gefahr aussetzt, als Einschränkung oder gar Behinderung betrachtet zu werden. Schlussendlich äußert sich unser „autonomes" Wollen notwendigerweise durch eine besondere und körperliche menschliche Natur und wohl kaum ohne Bezug zur moralischen Dimension unserer Entscheidungen. Schwangerschaft bringt die relationale Natur des Menschen besonders augenfällig zum Ausdruck, aber es muss mit Nachdruck darauf hingewiesen werden, dass auch die männliche Natur relational ist: Auch wenn die männliche Leiblichkeit nicht auf eine Schwangerschaft hin ausgelegt ist, ist er doch auf die Verursachung bzw. Mitverursachung einer solchen hin angelegt und somit zur grundlegenden Rolle als Vater, der eine Schwangerschaft miterzeugt.

---

4   Seifert (2013), 15

Künstliche Gebärmütter

Über vier Jahrzehnte nach Veröffentlichung des Gay Liberation Manifests hat die Nachricht über die Austragung von Lämmerföten in „biobags" Spekulationen hervorgerufen, dass in nicht allzu ferner Zukunft menschliche Babys mittels einer ähnlichen Form partieller Ektogenese zur Welt gebracht werden können und dies die menschliche Schwangerschaft ersetzt. Bei den Lämmerföten ging es zwar um etwas ähnliches, aber nicht, wie die Autoren des Manifests gehofft zu haben scheinen, um die eigentliche Empfängnis, wodurch die Schwangerschaft vollständig ersetzt werden könnte. Von sich aus wirft allerdings die technische Innovation einer der Gebärmutter noch ähnlicheren Gerätschaft von sich aus keine neuen ethischen Fragestellungen auf, die durch einen Brutkasten nicht schon gegeben wären. Grundsätzlich sind positive Innovationen, die die Bedingungen für Frühgeborene verbessern, begrüßenswert.

Die Bedeutung menschlicher Schwangerschaft und ihre Rolle im Kontext der Bestimmung moralischer Prinzipien in den Debatten über Sexualethik und insbesondere Abtreibung haben in jüngster Zeit erneute Aufmerksamkeit erhalten.[5] Es ist angebracht, die Frage zu stellen, welche Auswirkungen die Möglichkeit von partieller oder vollständiger Ektogenese auf unser moralisches Urteilen in diesen Bereichen und darüber hinaus auf unser Verständnis von Autonomie und Würde des Menschen und seiner Leiblichkeit haben dürfte.

Auf einer praktischen Ebene beleuchtet die Nutzung partieller Ektogenese, wie im Fall der Lammembryonen in „biobags" (künstliche Fruchtblase)[6], wichtige Aspekte in Bezug auf Abtreibung. Wenn wir die Verwendung von künstlichen Fruchtblasen als medizinische Nothilfe außer Acht lassen, wo der biobag also dazu bestimmt ist, dass er, sagen wir, einen 20 Wochen alten Fötus austragen kann, dann stellt sich noch die Frage, ob einer schwangeren Frau, die einen Schwangerschaftsabbruch wünscht (z.B. aus sozialen Gründen), dieser erlaubt werden könnte, aber unter der Verpflichtung, den entnommenen Fötus in die künstliche Fruchtblase einbringen zu lassen.

Es scheint, dass ein Arzt moralisch gerechtfertigt ist, wenn er grundsätzlich die Durchführung einer Abtreibung auf bloßen Wunsch ablehnt. Es ist keine Aufgabe der Medizin, normale menschliche Funktionen wie pathologische zu

---

5   Partridge (2017)
6   S. z.B. Watt (2016) und Greasley (2017)

behandeln, ganz abgesehen vom unnötigen Risiko, dem jungen Leben zu schaden.

Die Abtreibungsbefürworter könnten entgegnen: Wie kann es jemand wagen, von einer Frau zu verlangen, sich einem ungewollten Eingriff zu unterziehen, um ihr Baby zu retten? Schließlich wird bei Überschreiten der Austragungszeit ein Kaiserschnitt bei physischer Gefahr für das Baby nicht aufgezwungen. Sondern die Mutter – als Hüterin der Schwangerschaft – hat die Entscheidung zu treffen, ob der Eingriff stattfinden soll.

Obgleich es sehr schwer ist, alternativ zu einer Behandlung, die das Baby am Leben erhält, für eine medizinisch nicht indizierte Abtreibung zu argumentieren, bedarf es m.E. dennoch eines ausreichend ernstes Grundes, um die Verpflanzung in eine künstliche Fruchtblase überhaupt in Erwägung zu ziehen.

Was ist der Grund für diese Annahme? Warum sollte eine Frau, um sich den extremen Belastungen einer Schwangerschaft zu entziehen, nicht die Beendigung derselben mittels Entfernung des Ungeborenen wählen, obwohl für dessen Überleben und seine weitere Entwicklung keinerlei ernsthaftes Risiko besteht. Wie sich deutlich zeigt, sind moralische Bedenken, die das hier angesprochene Vorgehen weckt, andere als diejenigen, die wir normalerweise mit einer Abtreibung in Verbindung bringen. Wenn das der Fall ist, mag die Einsicht schwerfallen, weshalb die Frau überhaupt eines ernsten Grundes bedürfen soll, um sich für eine Entfernung ihres Babys zu rechtfertigen, die beiden das Leben sichert.

Wenn man allerdings die Schwangerschaft als moralisch einzigartig wichtige Beziehung zwischen der Mutter und ihrem Kind auffasst, dann erscheint es höchst seltsam, wenn irgendein trivialer Grund als Rechtfertigung für die Beendigung dieser Beziehung gelten kann und zwar Monate bevor sie auf andere Weise beendet würde. Wie die Ehe durch die Erleichterung einseitiger Scheidung unterminiert wird, so bedingungslose und symbiotische Beziehung durch die Einführung eines radikalen Begriffs der Autonomie in das Netz von Rechten und Pflichten, die die Mutter mit dem Kind verbindet. Dadurch wird unnötigerweise ein bedeutungsvoller Aspekt der Mutter-Kind-Beziehung ausgehöhlt – ein Aspekt der in einzigartig starker Weise Mutterschaft und Annahme intimster Art zum Ausdruck bringt (mehr als z.B. das Stillen, das leichter vernachlässigt werden kann)[7]

---

7   Bei Entscheidungen zu Verfahrensweisen, ob auf Wunsch und Wahl oder aus medizinischer Notwendigkeit, muss unterschieden werden zwischen dem Recht, Eingriffe abzulehnen und dem Recht, sie zu verlangen.

Die Rechtfertigung von Abtreibung im Zeitalter künstlicher Gebärmütter

Kate Greasely, eine britische Wissenschaftlerin und Abtreibungsbefürworterin, hat ihre Leser darauf hingewiesen, dass einige der traditionellen Argumente, die Abtreibung rechtfertigen, angesichts künstlicher Gebärmütter keine Geltung mehr haben. Sie weist darauf hin, dass das Mantra „Mein Körper, meine Wahl": *„nicht mehr viel Gewicht haben wird, wenn dem weiblichen Körper keine Bedeutung mehr zukommt. Das trifft insbesondere dann zu, wenn die Kosten und Risiken für den Wechsel des Embryos in eine künstliche Gebärmutter für die Frau nicht höher sind als die des Abbruchs."[8]*

Alle Argumente in der Welt für das Recht der Frau, einen Fötus „auzustoßen" oder „zu entfernen" – berühmt in der Dramatisierung in Judith Jarvis Thomsons bizarrer Geiger-Analogie[9] – können keinen Anspruch rechtfertigen, absichtlich den – leicht vermeidbaren – Tod eines so verbundenen menschlichen Wesens zu bejahen. Solche Argumente beziehen sich auf den Sachverhalt tatsächlich eine schwangere Mutter zu sein – wenn auch nicht in der eigenen Wahrnehmung – im Gegensatz zu genetischer oder sozialer Mutterschaft.

Reproduktionskontrolle

Wenn ein ungeborenes Kind isoliert von seiner Mutter existieren kann, sei es natürlich oder künstlich, dann müssen Abtreibungsbefürworter klarerweise zusätzliche Argumente für die Beendigung dieses Lebens liefern, wenn dieses Leben auch außerhalb des weiblichen Körpers fortbestehen kann. Wie müsste eine solche Rechtfertigung beschaffen sein? Greasly schlägt vor, dass das grundlegendere Interesse, das durch das Recht auf Abtreibung geschützt wird, das

---

Ein Arzt kann vom Tätigwerden absehen ohne die Absicht, damit zu bewirken, was er ablehnt. Ein Arzt kann hingegen nicht etwas ausführen, was seiner Überzeugung widerspricht, ohne das Tun zu beabsichtigen. Wenn man nicht handelt, muss man nicht wollen, dass jemand anderes es tut. Handelt man aber, dann mindestens mit der Absicht, es selbst zu tun.

8   https://www.newstatesman.com/politics/feminism/2017/05/will-artificial-wombs-end-debate-over-abortion-rights. Zugegriffen: 13. Mai 2018.

9   Thomson (1971)

Interesse der „*reproduktiven Kontrolle*" ist: D.h. „das Recht zu entscheiden, ob und wann man Vater oder Mutter werden will."[10]

Aber warum kann ein solches Recht auf Reproduktionskontrolle (selbstbestimmte Elternschaft) nicht auch die Beendigung des Lebens des Neugeborenen oder eines älteren Kindes rechtfertigen? Greasly würde zweifelsohne an diesem Argument die Tatsache bemängeln, dass hier die Frau schon Mutter ist. Allerdings muss die Berufung auf das Recht zur Reproduktionskontrolle dann annehmen, um eine Abtreibung zu rechtfertigen, dass eine Frau nicht bereits durch die Empfängnis, die in ihr stattgefunden hat, Mutter geworden ist – bzw. zum Zeitpunkt der angesetzten Abtreibung. Aber ist diese Annahme haltbar?

Wer ist eine Mutter (ein Vater)?

Sicherlich ist für Greasly der menschliche Embryo keine menschliche Person mit wesentlichen und grundlegenden Rechten.[11] Aber muss der Fötus eine „Person" sein mit diesem Status, um eine Mutter und einen Vater zu haben? Dies scheint nicht der Fall zu sein. Selbst jemand wie Peter Singer, der annimmt, dass Neugeborene keine „Personen" im moralischen Sinne sind, bezieht sich gerne auf Babys als Kinder ihrer Eltern. Und im Tierreich ist es vollständig unkontrovers von den Eltern von beispielsweise Welpen oder Kätzchen zu sprechen.

Ob dem Fötus nun der Personenstatus zukommt oder nicht, es dürfte für die Mutter zu spät sein, die Elternschaft zu umgehen. Wenn sie bereits Elternteil ist, ist damit der beanspruchte Zeitraum, um ihre Reproduktionskontrolle (selbstbestimmte Elternschaft) auszuüben und zu entscheiden, ob und wann sie Mutter werden will, längst vorbei.

Darüberhinaus hat diese biologische Verbindung zusätzlich eine seltsame und ernstzunehmende moralische Komponente, und zwar nicht im Sinne der Anerkennung der Ansprüche des existierenden Nachwuchses auf Schutz, Ernährung und Erziehung, sondern vielmehr in der Vermeidung jeglicher Ansprüche, die der Nachwuchs gegenüber den Eltern in der Zukunft haben könnte. Eltern stellen

---

10   https://www.newstatesman.com/politics/feminism/2017/05/will-artificial-wombs-end-debate-over-abortion-rights. Zugegriffen: 13. Mai 2018.

11   S. Greasley (2017). Für eine erhellende Untersuchung der philosophischen Probleme einer solchen Position, siehe Pruss (2011).

sich ihrer Elternschaft dann derart entgegen, dass der Nachwuchs nicht nur entfernt, sondern zerstört werden muss.

Selbstverständlich werden einige darauf beharren und bestreiten, dass eine schwangere Frau schon Mutter ist. Aber es ist für diejenigen, die Abtreibung oder sogar Kindestötung verteidigen, in keiner Weise fremd, zu sagen, dass dies erlaubt ist, wenn es auf den Wunsch der „Mutter" oder „Eltern" zurückgeht. Denken wir zum Beispiel an Eltern, die sich für eine Abtreibung entscheiden, wenn im Spätstadium der Schwangerschaft eine Behinderung festgestellt wird, und die sich durchaus als gute und sehr fürsorgliche Eltern betrachten; kaum anderes dürfte man beim medizinischen Personal und dem weiteren Umfeld des Paares erwarten.

Die moralische Bedeutung der Schwangerschaft

Die Berufung auf Fortpflanzungskontrolle ist noch in anderer Hinsicht problematisch: Kann ein (genetischer) Vater legitimerweise fordern, dass sein Nachwuchs zerstört wird, wenn er die Entscheidung getroffen hat, nicht Vater zu werden, indem er sich über die Einwände der Frau hinwegsetzt, mit der er das Kind gezeugt hat? Sicher nicht, solange das Kind im Mutterleib ist, denn dies wäre eine erzwungene Abtreibung und würde das Recht der Frau auf körperliche Unversehrtheit verletzen.

In Großbritannien jedenfalls kann ein Mann verhindern, dass ein mittels seiner Samenspende befruchteter und dann eingefrorener Embryo von der Mutter oder sonst jemandem ausgetragen und zur Welt gebracht wird. Kann folglich ein Vater möglicherweise fordern, dass ein Fötus, der in einer künstlichen Fruchtblase heranwächst – selbst ein neun Monate alter Fötus – zerstört wird, wenn er nicht der Vater eines geborenen Kindes sein will? Würde es einen Unterschied machen, wenn die Mutter mit diesem Kind schwanger gewesen wäre, bevor es in den künstlichen biobag verpflanzt wurde? Ansonsten wären die Frau und der Mann gleichberechtigt in Bezug auf ihr Recht zu bestimmen, was mit dem Kind geschieht. Üblicherweise nehmen wir jedoch an, dass einer Frau, die schwanger ist, Rechte der „Kontrolle" zukommen, zumindest im Sinne des Rechts, das Kind großzuziehen: Rechte, die möglicherweise diejenigen des Vaters übertrumpfen, zumindest in den allerersten Jahren, wenn die Eltern getrennt leben.

Darf die Frau umgekehrt das neun Monate alte Baby in der künstlichen Gebärmutter zerstören lassen, wenn sie es ist, die die Elternschaft ablehnt? Oder müssen wir möglicherweise unterscheiden zwischen dem Elternrecht zu schützen und dem zu zerstören? Letzteres billigen wir sicher keinem Elternteil, Mann oder Frau, zu, der sich durch die Anwesenheit eines Neugeborenen belastet fühlt oder auf Grund voraussichtlich zukünftiger Belastungen. In solchen Fällen wird von den Eltern erwartet, dass sie mit Hilfe ihrer Leiblichkeit für das Kind sorgen – angefangen beim Ernähren – auch wenn die Belastungen größer sein mögen als in mancher Schwangerschaft (wie etwa bei Schreikindern, die ihre Eltern, zumal Alleinerziehende, ohne weitere Unterstützung zur Erschöpfung und Verzweiflung bringen können). So sind es nicht nur die Belastungen, um die es hier geht: Zumindest bis neue Eltern gefunden sind, wird von den biologischen Eltern vernünftigerweise erwartet, dass sie die Grundversorgung sicherstellen.

Babys, die zumindest in einem bestimmten Stadium im Mutterleib ausgetragen wurden, auch wenn sie später in eine künstliche Gebärmutter verbracht wurden, haben eine stärkere Bindung zu den Eltern und sind so weniger anfällig für Selbstaufgabe, wie dies bei Babys der Fall ist, die keinerlei natürliche Schwangerschaft im Mutterleib erfahren haben. Vollständige Ektogenese wäre nur durch den technisierten Produktionsprozess der In-Vitro-Fertilisation möglich und würde die Störungen im natürlichen Bindungsprozess nur steigern, die IVF schon beinhaltet.[12]

Halten wir fest, dass es hier nicht nur um die Fragmentierung der Mutterschaft geht, indem die genetische und die auf die Schwangerschaft bezogene Komponente von der sozialen abgetrennt wird, wenngleich dies bereits problematische Konsequenzen hat für die kindliche Psyche in Bezug auf das Grundvertrauen unbedingter Akzeptanz und das Wissen um den eigenen Ursprung. Vielmehr, und weit besorgniserregender ist die Tatsache, dass im Falle vollständiger Ektogenese die natürliche Schwangerschaft vollständig entfällt und verloren ist, wie bei der Klonierung die genetische Elternschaft vollkommen ausgelöscht ist. Hier wie dort findet Elternschaft keine Entsprechung, es sei denn im Sinne sozialer Elternschaft.

Im Fall partieller Ektogenese gibt es immerhin noch eine Mutter mit einem anzunehmenden Anspruch das Kind großzuziehen, mit dem sie schwanger war: Babys werden ihren Müttern nicht entnommen (bzw. sollten es nicht), außer wegen sehr gewichtiger Gründe oder in außerordentlichen Situationen – wir verteilen Neugeborene ja auch nicht nach dem Zufallsprinzip unter den Frauen, die gerade Kinder zur Welt gebracht haben. Die Geburt ist insgesamt extrem

---

12 Watt (2016), Kap. 4

wichtig für die sichtbare Verortung der Identität dieser Person und des Grundgefühls für ihren Platz in der Welt. Die Zeit der Schwangerschaft ist das potentielle Schutzangebot für das Kind mit einem klar vorgegebenen Beschützer. Einer Frau, die bereits ein Kind geboren hat, mehr Rechte zu gewähren, bedeutet, die mütterliche Bedeutung der Schwangerschaft sui generis anzuerkennen. Diese Überlegungen über die Schwangerschaft und ihre Unterstützung – insbesondere in Bezug auf die schwangere Frau und die Mutter des Neugeborenen – sollten uns zu einer neuerlichen Wertschätzung der Bedeutung der Väter führen.

Wenn wir nochmals auf partielle Ektogenese zurückkommen, die aus sozialen Gründen gewählt wird, dann ist der Hinweis angebracht, dass biobags für Frauen, die keine Kinder gebären wollen, keine Hilfe im eigentlichen Sinne darstellen. Sie tragen die Schwangerschaft ja nur nicht voll aus, sind aber doch eine Zeitlang schwanger. In welch geringem Umfang auch immer, sie „bringen das Kind zur Welt". Insofern also können biobags für Frauen, die nicht schwanger sein wollen, eine Hilfe darstellen, aber sie ändern nichts daran, dass sie Kinder zur Welt gebracht haben. Eine Frau, die eine Abtreibung hat vornehmen lassen, war – andererseits – eine schwangere Mutter, aber keine Mutter, die ein Kind zur Welt gebracht hat, außer das Baby hat die „medizinisch indizierte" Spätabtreibung kurzzeitig überlebt.

Vergessen wir den Körper nicht

Diejenigen, die gegen die Abtreibung argumentieren, haben immer die Bedeutung des Körperlichen und des Biologischen betont, und Schwangerschaft als einen einzigartigen Zustand herausgestellt, der besondere moralische Prinzipien und Überlegungen erfordert. Überzeugende Bedenken in Bezug auf die körperliche Integrität liefern wesentliche Argumente gegen die Abtreibung, denn die körperliche Integrität des Fötus kann nicht durch die erwähnte Fortpflanzungskontrolle übergangen werden, zumindest nicht, wenn die Eltern bereits ein Kind gezeugt haben. – Ergänzend gilt festzuhalten, dass der Eingriff in die körperliche Integrität im fraglichen Fall einer Abtreibung für den Fötus normalerweise maximal radikal und tödlich ist.

Untersuchungen über die Bedeutung biologischer Verbindungen führen zur Frage, ob eine schwangere Frau sich täuscht, wenn sie sich bereits als Mutter betrachtet. Wenn man ihre Überzeugung für falsch hält, dann gibt es keine mutmaßliche Verbindung zwischen einer biologischen Beziehung und einer sozialen Vormundschaft.

Andererseits wurde nicht nur die Geburt – als Beendigung der Schwangerschaft –, sondern die Schwangerschaft selbst schon als Beginn der Mutterschaft betrachtet. Verneint man dies, dann ist schwer einzusehen, wie sich aus der Schwangerschaft besondere Rechte und Pflichten gegenüber dem Kind, das geboren wird, ergeben. Und wenn keine besonderen Rechte und Pflichten daraus erwachsen, selbst mit der folgenden (Früh-)Geburt, dann ist schwerlich einsichtig (zumal bei etwaiger Ausblendung der Rechte des Kindes), warum der Vater seine prokreative Kontrolle nicht mittels eines tödlich-zerstörerischen Aktes an dem ehemals im Mutterleib und dann in der künstlichen Gebärmutter sich befindenden Babys ausführen kann. Tatsächlich setzt das ganze Konzept prokreativer Kontrolle in Bezug auf die Abtreibung, wie dies auch Greasly und andere herausgestellt haben, als Paradigma einen „rationalen Akteur" voraus, der sowohl männlich (d.h. nicht belastet durch eine Gebärmutter und allem, was das einschließt) als auch mit den Rechten ausgestattet ist, das Kind, zu dessen Erzeugung er beigetragen hat, aufzugeben oder gar zu zerstören. Gleichheit für Frauen bedeutet demnach, Männern in Bezug auf diese radikale Unbeteiligtheit so ähnlich wie möglich zu werden. Das ist offensichtlich das, was heute Feminismus genannt wird, zumindest unter ihren konsistenteren Vertretern.

Entfernt man den Körper bzw. die Leiblichkeit aus diesen Bereichen der Ethik, dann entfernt man den Schutz für die geborenen wie ungeborenen Kinder in Form der biologischen Familie mit ihrer vorgegebenen, rollenspezifischen Hingabe für ihr Wohlergehen. Dergleichen Experimente hatten immer nur ausschließlich desaströse Ergebnisse zur Folge, wie es bei jedem Experiment der Fall sein muss, welches die Bedeutung bestreitet, die unserem leiblichem Sein und seiner Entwicklung zukommt. Man muss nur die Worte des *Manifests* oder jüngere Publikationen lesen, die mit der Idee spielen, die familiären Strukturen zu demontieren, welche auf die biologische Mutter und den biologischen Vater zurückgehen. Was bestimmt dann, was hier ethisch noch gilt? Verträge? Das utilitaristische Nutzenkalkül? Diese Theorien haben jüngst nicht sonderlich weiter geholfen, nicht zuletzt, weil sie den grundlegendsten moralischen Fragen aus dem Weg gehen. Überlegungen im Kontext der Möglichkeit künstlicher Gebärmütter konfrontieren uns direkt mit diesen Fragen und führen uns dazu, die Leiblichkeit in der Ethik zu verorten und damit Mutterschaft, Vaterschaft und die weiteren Rollen, denen wir Rechnung tragen müssen, wenn wir dem moralischen Sinn unseres Lebens gerecht werden wollen.

Literaturverzeichnis

Aristotle. 1998. Politics. Indiana: Hackett Publishing Company

Greasley, K. 2017. Arguments About Abortion: Personhood, Morality and Law. Oxford: Oxford University Press

Jones, D.A. 2009. Incapacity and Personhood: Respecting the non-autonomous self. In: Incapacity and Care: Controversies in Healthcare and Research. H. Watt (Hrsg.), 8-24. London: Linacre Centre

Partridge, E.A. et al. 2017. An extra-uterine system to physiologically support the extreme premature lamb. Nature Communications 8: 15112

Pruss, A. 2011. I Was Once a Fetus: That Is Why Abortion Is Wrong. In: Persons, Moral Worth and Embryos. S. Napier (Hrsg.), 19-42. Dordrecht: Springer

Seifert, J. 2013. Is the Right to Life or is another right the most basic human right – the "Urgrundrecht"?: Human Dignity, Moral Obligations, Natural Rights, and Positive Law. In: Journal of East-West Thought 4 (Vol. 3): 11-31

Thomson, Judith Jarvis. 1971. A Defense of Abortion. In: Philosophy & Public Affairs 1: 47-66

Watt, H. 2016. The Ethics of Pregnancy, Abortion and Childbirth: Exploring Moral Choices in Childbearing. Abingdon: Routledge

Eine bioethische Kartographie von Autonomie

Antje Kapust

Kaum ein Begriff der Ethik war zu Beginn des Millenniums so heftig und kontrovers umkämpft wie der Begriff der Menschenwürde. Selbst die Kritiker, die gerne die Rede vom „Leerformelcharakter" im Munde führten, musste am Ende einräumen, dass beispielsweise bioethische Praktiken wie Embryonenforschung, Stammzellgewinnung und therapeutisches Klonen als Beeinträchtigung von Menschenwürde zu gelten hätten, da alle drei Verfahrensweisen Formen einer Instrumentalisierung frühen menschlichen Lebens zu fremden Zwecken darstellen.[1] Die neuesten Vorstöße, das Konzept auf dem „Sperrmüll" der Menschheitsgeschichte zu „entsorgen", können da keineswegs befriedigen.[2] Auch die Versuche, einen extrem „uniformierten" Reduktionsbegriff durch ein einsilbiges Nadelöhr zu treiben bzw. beinahe auf einen „Praxisbegriff" von Haltung auszudünnen, können angesichts komplexer Problemlagen nicht überzeugen.[3] Als nicht minder problematisch erweist sich die Diskussion um den zentralen Begriff der Autonomie. Auch hier offenbart sich ein ähnliches Szenario. Radikal zeigen sich jene Befürworter, die einen funktional starken Begriff von Autonomie als zureichenden Ersatz für ein gestrichenes Konzept von Menschenwürde betrachten.[4] Ob eine solch harsche Position von Immanenz hinreicht, außerordentlichen Ansprüchen gerecht werden und die zahlreichen Subtilitäten diverser Sachbereiche erfassen zu können, mag bereits an dieser Stelle bezweifelt werden. Besonders hinsichtlich der Fremdverfügungen, die durch neuartige Methoden eröffnet werden, ist eine äußerste Verantwortlichkeit notwendig. Techniken, die mit gefähr-

---

1   Birnbacher (2008)

2   Bittner (2017a), Bittner (2017b).

3   Bieri (2013), darin Autonomie in der Bestimmung von Würde als Selbständigkeit (S. 19-94) und als Selbstachtung (S. 241-264); vgl. im Kontrast dazu: Kapust (2007); Gröschner / Kapust / Lembcke (2013).

4   Macklin (2003). Zur Unsinnigkeit eines solchen Redundanzvorwurfes siehe die Kritik von Andorno/Düwell (2013), 472f.

© Springer Fachmedien Wiesbaden GmbH, ein Teil von Springer Nature 2020
J. Hattler und J. C. Koecke (Hrsg.), *Biopolitische Neubestimmung des Menschen*,
Philosophische Herausforderungen der angewandten Ethik und Gesundheitswissenschaften/Philosophical Challenges of Applied Ethics and Health
Sciences, https://doi.org/10.1007/978-3-658-28943-0_7

denden Mechanismen wie Generalisierung, Irreversibilität, transgenerative Expansion oder invasive Simplizität einhergehen, sollten daher auch unter besonderer Beobachtung und Rückfrage stehen. Aber auch die Faktoren der Heterogenität und der Inkompossibilität intertextueller Sprachspiele zwischen den Kulturen in einer einzigen Welt müssen abgefragt werden, sollte es nicht zu ungewollten Entwicklungen kommen. Dazu ist die Ausarbeitung neuer Ansätze in der Diskussion notwendig. Legen wir zu heuristischen Zwecken verschiedene Problematiken des Autonomiebegriffs frei, könnten vermutlich folgende Achsen beziffert werden.

1. Der Begriff offenbart je nach interpretativer Auslegung (normativ, explikativ, aporetisch, kontrovers, restriktiv, produktiv usw.) ein enormes Spannungspotential. 2. Der Begriff umspannt ein vielschichtiges und komplexes Erbe, das sich nicht nur in konträren Menschenwürdepositionen spiegelt (der Mensch als „plastes et fictor" oder als verletzliches Wesen in Demut und Erniedrigung), sondern auch interkontinental ausdifferenziert, z.B. als Prävalenz pragmatischer oder liberaler Positionen im angelsächsischen Raum (sofern vorhanden und reflektiert), oder in deontologischer Ausrichtung in Kontinentaleuropa. 3. Der Begriff steht in der Anforderung, das extrem disjunktive Spektrum eines engmaschig geführten Personenbegriffs bis hin zu Praktiken an „Material" (Zellmaterial, Biospuren usw.) einholen zu müssen. 4. Der Begriff erstreckt sich auf Fragen von Personalität und Menschsein, verlängert sich von da aus jedoch in zugehörige Bereiche diverser Techniken und neuartiger Technologien (Neurowissenschaft, Mensch-Maschine-Interaktionen, Menschen und künstliche Intelligenz, Techniken wie die CRISPR/Cas-Methode, Optogenetik usw.) 5. Der Begriff kann und darf die Faktizität unbedingt zu reflektierender Konfliktverhältnisse nicht vermeiden, z.B. die Quadratur des Kreises zwischen Moral und Ökonomie. 6. Der Begriff muss die umkämpften Spannungen und Paradoxien in zahlreichen Kontroversen aushalten und einholen können (Debatten um die Sterbehilfe u.a.). 7. Der Begriff benötigt angesichts zunehmender Komplexitäten (z.B. Verletzlichkeit im Horizont von Hochleistungs-Intensivmedizin) sehr fein abgestimmte Nuancierungen, die mit der bisherigen Dualität zwischen normativ aufgeladener oder alltagsweltlich herabgestufter Autonomie nicht mehr auskommen. 8. Der Begriff muss angesichts neuartiger Phänomene in Innovations-, Grenz- und Randbereichen kreativ werden, um die Herausforderungen bewältigen, aber auch in Kontexten von Unbestimmtheit und Unschärfe operabel bleiben zu können. 9. Der Begriff muss den Spagat zwischen der Gewährleistung einer Orientierungs- und Vermächtnisfunktion bei gleichzeitiger kritischer Ausdifferenzierung aushal-

ten können. 10. Der Begriff muss in interglobale und interkulturelle Sprachspiele und ihre Differenzen eingebettet, übersetzt und legitimiert werden können. 11. Schließlich muss der Begriff angesichts offener Zukunftshorizonte, die möglicherweise mit einer Gefährdung des Menschlichen durch Technologien einhergehen, gesichert werden.

Die Linien einer solchen „Programmatik" können hier nicht bis ins Detail ausbuchstabiert werden. Es wird stattdessen jedoch eine Art „Kartographie" von Autonomie angedeutet, die deutlich werden lässt, was die Rede von Anforderungen in sehr variablen Kontexten meint. Dieser Versuch einer Kartographie stützt sich auf drei Thesen: Erstens muss der Begriff der Autonomie über die bereits vorhandene Dualität von deontologisch oder „empirisch" gefasster Gehalte umfassend neu kalibriert, ausgeweitet und mithilfe neuartiger Konzepte justiert werden. Zweitens wird der Begriff nicht vom klassischen Primat einer normativen Fassung her aufgegriffen, sondern vom „Sprachtheorem" der „Tropen des Personalen" aus entwickelt (Trope als Sprachfigur). Leitend ist dabei die Idee, dass sich Verhältnisse des Selbst, der relationalen Verhältnisse und des Weltbezuges in Sprachfiguren und Tropen spiegeln und von hier aus neu aufgerollt werden können, dabei aber auch neue Optionen und Möglichkeiten anbieten.[5] Drittens muss berücksichtigt werden, dass über herkömmliche Operationalisierungen wie *theoria*, *poeisis* und *praxis* hinaus in den bioethischen Kontexten ein neuer Typus von Handlungen auftaucht, den ich als „poiematische" Praktiken bezeichnen möchte und der von einem Begriff von „Autonomie" eingeholt werden können muss. Die Kartographie wird drei verschiedene „Fallformen" des Selbst vorstellen und darin jeweils drei verschiedene theoretische Untergruppen erfassen. Die Erweiterung einer solchen „Tafel" ist möglich. Sie dient hier nur einer ersten Anzeige und der Darlegung, wie unterschiedlich mit dem Begriff gearbeitet wird und in welchem Maße denkbare Analysen durchgeführt werden könnten. Die genannten „Fallformen" orientieren sich an den jeweiligen Verhältnisbeziehungen, in denen sich ein Selbst befindet und mit anderen interagiert. Ich unterscheide dabei zwischen Autonomie im Nominativ, Autonomie im „Adressativ" und Autonomie im Dativ. Schauen wir uns dieses Gefüge etwas genauer an, das inhaltlich durch weitere Positionen ausgebaut werden kann:

---

5   Diesen Ansatz, Sachverhalte vom Angelpunkt des Sprachlichen aus zu fassen, habe ich bereits in meiner Habilitationsschrift verfolgt, siehe Kapust (2004).

Autonomie

	stark	abgeschwächt	Alternative
Nominativ	Kant: transzendental	Selbstbestimmung (Freiheit, Wollen)	Bioethik-Mantra Personale Identität Befähigungstheorien Können-Theorien
Adressativ	Dialog-Theorien Selbst/-Fürsorge	Dialektiken autonomer Verantwortlichkeit	Theorien Authentizität Kommunitarismus Neoaristotelismus Pragmatismus
Akkusativ	Theorien des Anderen Stellvertretung Fremdgerechtigkeit statt Fremdverfügung	Responsive Theorien	Theorien des Bezeugens Theorien der Gabe

1 Autonomie im Nominativ

Der Nominativ spiegelt die starke Flexionsform eines Subjektes, das im „Ich-Kasus" über sich selbst reflektiert oder die Welt von diesem „Nullpunkt der Orientierung" aus perspektiviert. Dabei hatte eine bemerkenswerte Verschiebung des Menschenwürdekonzeptes dieser Zentrierung Vorschub geleistet, die hier kurz angedeutet sein soll. Relevant ist die 1. Person, selbst wenn am Ende eines Reflexionsprozesses eine Universalisierung stehen würde. Die Menschenwürde genießt auf der einen Seite einen überpositiven und hyperbolischen Charakter, glänzt auf der anderen Seite jedoch durch ein Übermaß an inhaltlichen Ausformulierungen oder an Unbestimmtheit.[6] Ideengeschichtlich hatte sich zunächst der Aspekt der Unverlierbarkeit von Menschenwürde Gehör verschafft. Hier war

---

6   Baldus (2016)

auch der Inklusionsgedanke christlicher Provenienz verankert. Mit der historischen Zäsur der Verbrechen im 20. Jahrhundert gewann der Gedanke der Unantastbarkeit eine deutliche Kontur.[7] Dieser Paradigmenwechsel ging mit der Frage einher, ob der *Personalität* oder einem tragenden und unhintergehbaren *Menschenbild* der Vorrang eingeräumt werden solle. In dieser Diskussion konnte sich zunehmend der Gedanke der Autonomie durchsetzen. Dies ist umso wichtiger anzumerken, als an diesem Punkt bedeutsame Trennungen einsetzten. Während die kontinentale Interpretation des Autonomie-Gedankens von Kants Idee einer moralischen Autonomie als Grund praktischer Rationalität ihren Ausgang nahm, rekurrierte der angelsächsische Raum (in welchem einer Menschenwürde in weiten Teilen nicht der ihr gebührende Stellenwert zugestanden wird), auf das liberalistische Konzept eines „Self-Ownerships" im Anschluss an John Locke.[8] Diese Differenz der Interpretationen bleibt nicht ohne Rückschlag auf die jeweiligen Operationalisierungen des Konzeptes von Autonomie in den kontrovers geführten Debatten: Verletzt es meine eigene Würde, wenn ich nicht selbst bestimmen darf, ob ich mich zum „Zwergenwerfen" zur Verfügung stellen darf oder ob ich nicht selbst über Art und Zeitpunkt meines Todes entscheiden darf?

Den Ausgangspunkt eines starken Nominativs markierte der Kantische Begriff. Dies ist auch dann noch der Fall, wenn der Respekt vor der Selbstzwecklichkeit in der zweiten Formulierung des kategorischen Imperativs verschiedene pronominale Abschattungen aufweist: „Handle so, dass du die Menschheit, sowohl in deiner Person, als in der Person eines jeden anderen jederzeit zugleich als Zweck, niemals bloß als Mittel brauchst."[9] Kant selbst hat mit seiner Palette an Möglichkeiten den Boden für weitere Ausdifferenzierungen gelegt, die fünf verschiedene Abschattungen zulassen: Erstens Autonomie im Sinne von „Handeln aus einer sittlich guten Gesinnung", zweitens im Sinne von „Handeln nach dem kategorischen Imperativ", drittens im Sinne von „Handeln in freier Selbstbestimmung", viertens im Sinne von „Handeln aufgrund eigener innerer Einsicht" und fünftens im Sinne von „Grundprinzip wahrer Moralität."[10] Maßgeblich für die starken Facetten des deontologischen Autonomiebegriffs sind die ersten beiden Varianten: „Einerseits erfährt der Mensch das Sittengesetz als ein Sollen, etwas, das ihn unbedingt in die Pflicht nimmt; andererseits hat eine

---

7   Baldus (2016), 139; Kapust (2010)
8   Diese wesentliche Etappen mit ihren Konsequenzen kommt etwas zu kurz in Rössler (2017).
9   Wolbert (2013), 87; Kant GMS, AA IV 429.
10   Wolbert (2013), 88ff.

Handlung nur dann einen moralischen Wert, wenn sie „aus Pflicht", also aus einer bestimmten Gesinnung vollzogen wird (nicht etwa aus Servilität oder Eigeninteresse)."[11] Taktgeber für die angelsächsische Debatte war hingegen die zentrale Verankerung des Autonomie-Prinzips im bioethischen Mantra.[12] Verwunderlich ist daher nicht, dass die amerikanischen Theoretiker personaler Identität mit Anschluss an starke Volitionstheorien die Kriterien von Selbstbestimmung, Wahlfreiheit und Entscheidungsfähigkeit akzentuierten und als „Tatsache des Lebens", als Recht oder als Anspruch verankerten. Die Reflexion musste sich einer doppelten Herausforderung stellen: Menschen und Personen, die Themen bioethischer Debatten sind, sind auch konkret, real und graduell leibhaftig auftretende Wesen, die in dieser „Faktizität" auch zu berücksichtigen sind, weshalb die Kantische Idee von Autonomie entsprechend erweitert bzw. dekliniert werden musste.

Vom Hintergrund dieser Kantischen Folie aus öffnet sich die zweite Interpretationslinie, die Autonomie im Sinne der Theorien des „guten Lebens" fasst (Selbstbestimmung nach Ernst Tugendhat, Michael Theunissen, aber auch nach Joseph Raz, Harry G. Frankfurt, Robert B. Pippin usw.), aber auch Interpretationsstränge der Theorie einer „Alltagsrationalität" umgreift (Beate Rössler). Selbstbestimmung erhält dann die Facetten von „Autorschaft", „Selbst-Zuschreibung", „Selbst-sein-Können" und eigener Deutungshoheit sowie Negationsformen wie Entfremdung. In seinem Text „Antike und moderne Ethik" stellt Ernst Tugendhat die antike Frage nach dem Glück oder dem guten Leben unter modernen Bedingungen neu. Autonomie gilt hier als „Deutungshoheit der Betroffenen" sowie entsprechender Formen von Entfremdung.[13] Zentral wird die Funktionsfähigkeit des Wollens in Form des Ausbleibens eines Zwangs. Als Wollende im Sinne frei Wählender wollen wir in unserem freien Wählen nicht eingeschränkt sein. Dieses von Beeinträchtigungen befreite „wahrhafte Wollen" betrachtet Ernst Tugendhat als Selbstverfügung über den freien Willen, das im „dass ich frei wählen kann" zum Ausdruck kommt. Interessant ist hier die Formulierung des „ich kann", da in phänomenologischer Perspektive ein „ich kann" als Inbegriff eines „Körperschemas" zwar anders ausgelegt wird, aber als elementar angesetzt wird. Die Funktionsfähigkeit des Wollens ist mit dem vom

---

11   Wolbert (2013), 87-89. Daher präsentiert das „Wörterbuch der Würde" auch einen transzendentalen und einen lebensweltlichen Begriff von Autonomie, siehe: Gröschner / Kapust / Lembcke (2013), 131-133; 130-131.

12   Beauchamp / Childress (1977)

13   Tugendhat (1984), 50; Tugendhat (1979), Jaeggi (2016), 58

Wollen selbst gesetzten Anspruch gegeben, dass ich können will, was ich will, nämlich frei wählen können.[14] Das Erbe eines Freiheitsdenkens macht sich hier bemerkbar, weshalb zahlreiche Autoren entweder auf John Stuart Mill oder auf die wichtige Differenz zwischen negativer und positiver Freiheit nach Isaiah Berlin rekurrieren.[15] Berlin hatte positive Freiheit in dem Vermögen verdichtet, selbst Entscheidungen treffen zu können, „sein eigener Herr" sein zu können, sein Leben aus den eigenen Ideen, Absichten und Vorhaben erklären zu können.[16] Doch wird dieses Können weniger mit leiblichen Vermögen kurzgeschlossen, sondern mit einem fundamentalen Begriff positiver Freiheit, der beinahe Freuds berühmtes Diktums, dass der „Mensch nicht Herr im eigenen Haus" sei, abweist. Für Isaiah Berlin bedeutet positive Freiheit nämlich gerade den Wunsch und das Vermögen der Person, „sein eigener Herr zu sein": „Ich will, dass mein Leben und meine Entscheidungen von mir abhängen und nicht von irgendwelchen äußeren Mächten. Ich will das Werkzeug meiner eigenen, nicht fremder Willensakte sein. Ich will Subjekt, nicht Objekt sein; will von Gründen, von bewussten Absichten, die zu mir gehören, bewegt werden, nicht von Ursachen, die gleichsam von außen auf mich einwirken. Ich will jemand sein, nicht niemand; ein Handelnder – einer, der Entscheidungen trifft, nicht einer, über den entschieden wird, ich will selbstbestimmt sein, nicht Gegenstand des Wirkens der äußeren Natur oder anderer Menschen, als wäre ich ein Ding oder Tier oder Sklave, der unfähig ist, die Rolle eines Menschen zu spielen, als eigene Ziele und Strategien ins Auge zu fassen und zu verwirklichen [...] Ich will verantwortlich für meine Entscheidungen sein und sie aus meinen eigenen Ideen und Absichten erklären können."[17] Dieser starke Impakt schlägt an vielen Stellen durch. Oft wird betont, dass nur diejenigen Taten und Vorhaben, die das Selbst mit sich in Verbindung bringen kann, so dass sie „ihm" zuschreibbar wären oder als die „seinen" gelten könnten, auch wirklich als Instanzen von Freiheit und Selbstbestimmung zählen. Holmer Steinfath spricht mit Blick auf dieses Wollen von einem „qualifizierten Subjektivismus". Eine Dimension von Selbstbestimmung besteht in der „kontrollierten Aneignung der eigenen Neigungen und Wünsche", woraus Würde erwächst und zu einem „eigenen" als authentischem Leben ge-

---

14 Die neurowissenschaftliche Debatte um den freien Willen und die Randbereiche des Menschlichen muss hier im Hintergrund mitgedacht werden.
15 Rössler (2017), 30ff.
16 Berlin (1995), 211
17 Berlin (1995), 211.

hört.[18] Autonomie als Deutungshoheit verwandelt sich damit in die Modalitäten eines „Mit-sich-in-Verbindung-Bringen", „Sich-zuschreiben-Können", „Sich-zu-eigen-machen-Können", „Über-sich-verfügen-Können".[19] Inwiefern diese Theorien jedoch teilweise einseitig ansetzen und die irreduziblen Faktizitäten von Existenz ausblenden, macht Michael Theunissen deutlich. Hier führen spezifische „Herrschaftsformen von Zeit" zu Gelingen oder Leiden eines Selbst, z.B. durch Schrumpfung der Möglichkeitshorizonte, Melancholie, Todesfurcht und Verzweiflung usw.[20]

Heike Baranzke macht darauf aufmerksam, dass diese Verschiebung auch als Übergang von einer akteurszentrierten Ethik (Antike) zu einer handlungszentrierten Ethik beschrieben werden kann und eklatante Defizite aufweist: Die Moderne hat, wie Habermas und Rawls es beschrieben haben, die Ethik des guten Lebens in einen Primat des Rechts verwandelt und damit auch eine Verschiebung von der *Moralität* (oder der Sittlichkeit, wie Jan Phillip Reemtsma mit Hegel sagt) zu einer *Legalität* besiegelt. Der liberale Rechtsstaat mit Autonomie als Referenzbegriff für Menschenwürde betrachtet die Rechtskonformität der Legalität der Handlung unter Absehung der Moralität der Gesinnung der Akteure. Der Kantische Begriff von Autonomie hätte dabei einen extremen Spagat zu bewältigen: Er muss für ein „Volk von Teufeln" gelten können, ist aber gleichzeitig noumenaler Inbegriff. Der amerikanische Kant-Interpret Thomas Hill betrachtet das „Reich der Zwecke" daher als ein *„ideales Modell* einer systematischen Verbindung verschiedener vernünftiger Wesen durch gemeinschaftliche Gesetze", die als Gesetzgeber betrachtet werden, die zugleich dem Gesetz unterliegen.[21] Dieses Modell verwandelt Habermas in das Modell einer reflexiven Kommunikation, in der die *Autoren* zugleich die *Adressaten* sind. Doch erscheint dieses Reich als ein *„Idealzustand,* der nur dann Wirklichkeit würde, wenn jeder das moralische Gesetz befolgte (und Gott gewährleistet, dass die persönlichen Zwecke der Tugendhaften nicht systematisch zunichte gemacht werden)."[22] Bioethisch haben

---

18   Steinfath (2017), 281

19   „Mensch, nicht Ding zu sein bedeutet dieser Beschreibung zufolge, sich das, was man will und tut, selbst zuschreiben, es verantworten und sich damit identifizieren zu können." Eine gelingende Aneignung des Lebens basiert damit auf Selbstbestimmung und Autorschaft. Die Aneignung setzt sich mit der Spannung zwischen Vorgegeben und Gestaltbaren, von Übernahme und Schöpfung, Souveränität und Abhängigkeit des Subjekts auseinander, siehe Jaeggi (2016), 66.

20   Theunissen (1991)

21   Hill (2013), 158; GMS AA IV, 433

22   Hill (2013), 158

die verschiedenen Theorien zur personalen Identität, die unterschiedliche Varianten von Fähigkeiten vorgeschlagen haben, eine Wunde hinterlassen. Was passiert mit Menschen, die a) noch keine Personen sind (Embryonen), die b) keine Personen mehr sind (Koma-Patienten, Demente), c) die niemals Personen sein werden (Schwerstbehinderte) oder die d) zwar als Personen betrachtet werden könnten, aber keine Menschen sind (Tiere, selbstlernende Roboter oder intelligente Maschinen).[23] Der amerikanische Mediziner Atul Gawande betont in seinen Überlegungen zur Revision bisheriger Optiken zur Sterblichkeit den Willen zur Selbstbestimmung selbst noch da, wo eine unverrückbare Faktizität des Lebens „im Wege steht": „Die Grenze war da, aber er zog die Linie. Das heißt Autonomie: Die Umstände des Lebens liegen nicht in unserer Hand, doch man kann der Autor des eigenen Lebens werden, das heißt bestimmen, was man aus diesen Umständen macht."[24] Doch wer genau spricht und handelt eigentlich in und aus solchen Aussagen heraus? Ein Blick auf Sprach- und Erzähltheorien veranschaulicht die Komplexität zahlreicher Dimensionen. Diese Ausdifferenzierung macht deutlich, dass viele Sachbereiche im Grunde am Leitfaden entsprechender Analytiken personaler Redeinstanzen neu aufgerollt werden müssten. Dies betrifft jene Bereiche, die im direkten Patientenbezug stehen (Patientenautonomie, Sterbehilfe, Arzt-Patienten-Kommunikation, Organtransplantation usw.), aber auch bioethische Forschungen, deren „Stimmen" von Interessen und Legitimierungen metatheoretisch untersucht werden müssten (Stammzellforschung, Neuroforschung, neue Biotechnologien, Mensch-Maschine-Interaktionen usw.). Ist es mit Blick auf einen Personenbegriff der *auteur*, der *narrateur*, die *personnage*, oder der empirische Sprecher, der eine sprachliche Äußerung zwar produziert, aber selbst außerhalb der Sprache bleibt? Ist es der *locuteur*, der für eine entsprechende Aussage (*énoncé*) verantwortlich wäre, oder der *énonciateur*, dessen Stimme spezifische Aspekte und Perspektiven zum Ausdruck bringt, ohne dass es zu einer expliziten sprachlichen Äußerung kommt? Diese Dimensionen begegnen bereits im alltäglichen Gespräch, wenn ein *emitter* eine Aussage macht, es einen *originator* gibt, der für das Hervorbringen einer Aussage verantwortlich zu machen wäre und einen *animator*, der ihr „Leben einhaucht".[25]

---

23   Birnbacher (2004). Diesen Aporien des Personenbegriffs an den „Grenzen des Lebens" bin ich nachgegangen in dem Vortrag Kapust (2005)

24   Gawande (2017), 258. Ich danke Johannes Hattler sehr für den Hinweis auf dieses Buch, das mir den Tod meines eigenen Vaters aufzunehmen geholfen hat.

25   Möglich sind so unterschiedliche Theorien wie die von Oswald Ducrot, Gerard Genette, Erving Goffman, aber auch viele andere, was hier nur angedeutet sein soll. Vgl. auch ohne Bezug zu

2 Autonomie im Adressativ

Der Ausdruck „Adressativ" umschreibt als Neologismus das Problem, dass Normen oder Aufforderungen ein Gegenüber, einen Nächsten, einen Mitmenschen oder gar die angesprochenen Personen im Plural ansprechen. Das kann in direkter Weise (z.B. personalisierte Medizin und Bioethik) oder indirekt und allgemein der Fall sein. Gemeint ist auch die implizite Appellfunktion von Menschenwürde, die nachfolgend die Autonomie in „Beugeform" einbezieht. Wir wechseln hier auf eine relationale Ebene, in der sich vielfältige Beziehungen und Interaktionen abspielen. Ethische Sätze wie das implizite „Du sollst" in „Die Würde des Menschen ist unantastbar" gleichen Appellsätzen, die das Neutrum der impliziten Präskription innerhalb der Akteure auf pronominale Instanzen aufteilen. Auf dem Spiel steht dabei, wie das Ich dem Anspruch eines „Du sollst" – z.B. die Achtung des Anderen wahren – Folge leistet (das selbst Kant in seinem berühmten „Faktum der Vernunft" nicht weiter herleiten kann), ohne die Verpflichtung zu einem „referentiellen Thema" zu degradieren.[26] Solche Formen impliziter Ansprache, „In-Anspruchnahme" und eines „in-Anspruch-Genommenwerdens" zeigen die Grenzen konventioneller Argumentationsmuster (z.B. klassische Geltungsansprüche). Im klassischen Rahmen wird das, was *objektiv* gegeben oder erzielt ist (der Handelnde verfolgt ein Ziel), von dem, was *subjektiv* erstrebt und gewollt wird, und dem, was *transsubjektiv* gesollt wird, unterschieden. In der Transsubjektivität einer umfassenden Ordnung (z.B. Verfassungsordnung) kann keine Zwiesprache zwischen dem Eigenen und dem Fremden mehr stattfinden. Eine jede Person kann sich zwar am Diskurs beteiligen, bezieht sich jedoch mit ihren Gründen für ein Gesagtes und Getanes auf eine gemeinsame Vernunft bzw. gemeinsame Grundordnung, an der andere Personen ebenfalls Anteil haben. Ein geltender Rechtsanspruch oder ein rechtsförmiger Moralanspruch, der etwas zu tun gebietet oder verbietet, *adressiert* jedoch niemanden mehr als ein *Du*, dem ich etwas *schulde*. Geltungsansprüche sind unpersönliche Ansprüche, die zwar ein Subjekt voraussetzen, das als Träger von Rech-

---

Bioethik: Waldenfels (1994), 435ff. Klärungsbedürftig wird damit auch die enorme Bandbreite von Dialogfunktionen und Dialogformen. So wird Dialog gedacht als Sprechakt (Austin), als kommunikative Handlung (Habermas), als Gespräch (Grice, Goffman), als geregelter Dialog (Lorenzen, Jacques), als hermeneutische Textauslegung (Gadamer), als Diskursarchäologie und Widerstreit (Foucault, Lyotard) oder als erkenntnistheoretische Teleologie (Wissensvermittlung) usw.

26 Kapust, A. (2001)

ten und Pflichten fungiert, aber kein (anderes Du) als Selbst, dem es um sich und um Andere ginge. Der intersubjektive Anspruch im Sinne des Appells verschwindet hinter dem transsubjektiven Anspruch im Sinne einer Prätention. Geltungsansprüche sind Ansprüche, bei denen es gleichgültig ist, wer sie erhebt, weil sie für jedermann in gleicher Weise verbindlich sind.[27] Ein Geltungsanspruch ist ein Anspruch, der Habermas zufolge niemals „genuin an andere adressiert ist". Er richtet sich nicht an ein Du und er stellt sich auch nicht im Dativ oder Akkusativ unter Anklage.[28] Dieses Tableau ändert sich nicht nur mit dem Zerfall einer Gesamtordnung in verschiedene Logoi, was zu Exklusionen führt. Normativisten und Diskurstheoretiker reagieren auf diese Reduktionen, indem ein einzelner Diskurs als „Diskursuniversum" gilt (z.B. universale Idee). Dieser stellt einen normativen Kernbestand dar, der nicht mehr durch Geben und Nehmen eines allgemeinen Logos geprägt ist, sondern der durch Regularität, Kommunikativität und Normativität unter dem Zeichen der Allgemeinheit und Reziprozität gekennzeichnet ist. Hier spricht die Funktion eines „Jedermann". Verloren geht die Erinnerung daran, dass Logos als Rede immer auch eine Rede zwischen Gesprächspartnern ist, die pronominal vertreten sind.[29]

Der analytische Philosoph Ansgar Beckermann bringt diese beiden verschiedenen Ebenen in seinen Ausführungen zur Sprache und macht explizit die Differenz zwischen einem allgemeinen „Jedermann" und einer pronominal gemeinten Person deutlich. Er bringt die Differenz durch einen Wechsel der Perspektiven zum Ausdruck, der durch einen Wechsel der Personalpronomina markiert wird: „Gegenüber unseren Mitmenschen nehmen wir [...] ganz andere Einstellungen ein als unbelebten Dingen oder Maschinen gegenüber [...]. Wir sind *dankbar* dafür, wenn uns jemand etwas Gutes tut; wir *nehmen es übel*, wenn er uns schadet oder nicht den nötigen Respekt entgegenbringt [...].Wenn wir dagegen merken, dass jemand unter einer Störung leidet, die es ihm grundsätzlich unmöglich macht, sein Verhalten zu kontrollieren, führt diese Erkenntnis nicht nur zu einer anderen Beurteilung des Verhaltens der betreffenden Person; sie führt dazu, dass ich meine Einstellung dieser Person gegenüber grundsätzlich ändere, dass ich beginne, sie nicht mehr als eine verantwortliche Person, sondern als einen Mitmenschen zu betrachten, der der Behandlung bedarf [...]. Mit anderen Worten, ich beginne dieser Person gegenüber eine *objektive Einstellung* einzunehmen.

---

27   Waldenfels (2001), 32
28   Habermas (1981), Bd. 1, 427
29   Kapust (2010), 282f., 286, 311-313

Wenn es keine Freiheit gäbe, müssten wir unseren Mitmenschen gegenüber immer nur die objektive Einstellung einnehmen. Wir könnten niemals dankbar sein, nie jemandem etwas übel nehmen, keinen wirklich lieben oder hassen."[30]

Das implizite oder explizite „Du" kann in vielen Spielarten sichtbar werden. Philosophiehistorisch und systematisch ist ein Adressativ u.a. in den Varianten der Dialogphilosophie verankert, findet seine originäre Reflexion aber auch in den weiterführenden Interpretationen Kants. So hat beispielsweise Hermann Cohen (Hauptvertreter des Marburger Neukatianismus und zugleich wichtiger Vertreter jüdischer Philosophie), gerade die zweite Fassung des kategorischen Imperativs hinterfragt. Dabei hat Cohen kritisiert, dass sich das Individuum, das im Willen die Verantwortung auf sich nehmen soll, in der transpersonalen „Allheit" des Jedermann auflöst und als bloßes „Symbol der Menschheit" und als „Beispiel" verblasst.[31] Im Kontrast zu dieser Neutralisierung müsste sich daher die Antwort auf die Kantische Frage „Was soll ich tun?", die zur Selbstzweckformel der Menschenwürde überleitet, nicht an einen „Jedermann" richten, sondern an ein konkretes Subjekt. Eine „Religion der Vernunft" würde zwar den quasi-normativen Anspruch erhalten, diesen aber als Zwiegespräch mit einem unbedingten Anspruch so verknüpfen (naturrechtlich als Gott, vernunftrechtlich als Imperativ), dass eine „Flucht" aus diesem Anspruch nicht möglich wäre. Bekanntlich bindet der jüdische Philosoph Emmanuel Levinas seinen Begriff ethischer Verantwortung an diese strenge Form der Unmöglichkeit einer „Ausflucht". Der jüdische Philosoph Martin Buber demonstriert, welche Gestalt die Modifikationen des Kantischen Kategorischen Imperativs auf die Begriffe von Menschenwürde und Autonomie annehmen könnten.

Ein dialogisches Element übersetzt er als Deklination von Menschenwürde in die pronominalen Abschattungen. Hier bildet die Umwendung vom Ich zum Du den Wendepunkt, der die Konstitution von Gemeinschaft ermöglicht und das Ich gesichtsloser Kollektivität und Totalität entreißt.[32] Er rekonstruiert eine umfassende Entwicklung, die einen Ausgangspunkt in Fichte, Jacobi und Feuerbach nimmt, über Rosenzweig, Cohen und Kierkegaard verläuft und in den Theorien eines Löwith, Grisebach, Litt und Jaspers sowohl sozialphilosophisch wie auch „kommunikationslogisch" umgewendet wird.[33] Hier dokumentiert sich nicht nur

---

30   Beckermann (2006), 295
31   Cohen (1919), 23
32   Buber (1985) Buber (1995)
33   Waldenfels (1971)

die lebensweltlich realfaktische und dialogisch gedachte Einbettung von Menschenwürde. Es zeigt sich auch, welchen Stellenwert sie in dialogphilosophischer Kontur hätte. Der ehemalige Außenminister Guido Westerwelle bringt eine solche Konstellation sehr prägnant und berührend zugleich auf den Punkt. Auf dem Höhepunkt seiner Krebserkrankung und in der unerträglichen Anspannung infolge der Wartehaltung einer bevorstehenden Transplantation beschreibt er, wie er für die Krankheit und den Heilungsprozess einfach keine Kraft mehr aufbringen konnte. Er schildert seinen Zustand in einer Form, die eine notwendige Transformation des starken Autonomiebegriffs nahelegt. Deutlich wird nicht nur die unablegbare *Passivität* (als Erleiden und Erdulden bis hin zur totalen Auslieferung, Ohnmacht und Wehrlosigkeit des Zustandes), sondern zugleich auch das Erfordernis eines nahezu unbegründbaren Vertrauens in den Anderen (nach Art eines „Du wirst mich nicht verlassen"): „Ich ließ mich nicht gehen. Ich ließ mich fallen. Michael, die Ärzte und das Pflegepersonal fingen mich auf. Sie begleiteten mich durch die anstrengende und bisweilen erniedrigende Phase der Aplasie. Ich vertraute [...]. Sich fallen lassen bedeutet jedoch auch, die Hüllen fallen lassen. Die Krankenschwestern und Pfleger [...] nahmen mir die Scham, als ich nackt und schutzlos vor ihnen lag. Sie schauten nicht weg, als es mir dreckig ging. Sie gaben mir Zuversicht, als ich glaubte, keine Kraft mehr zu besitzen. Sie begleiteten mich durch ein Tal, das mir endlos vorkam. Sie ließen mir meine Würde, ohne dieses Wort auch nur ein einziges Mal in den Mund zu nehmen."[34]

Anerkennungstheorien stellen im Kontrast zur Dialogphilosophie einen anderen Typus von „Autonomie" dar. Auch hier wird ein „autonomes Ich" umkreist, das allerdings erst in Kontur mit dem Anderen seinen Stellenwert gewinnt. Streng genommen sind Anerkennungstheorien daher weder genuin der ersten Sparte zugehörig noch Reinformen der „dialogischen Theorien". Betrachtet man sie jedoch aufgrund ihrer Komponenten als „Hybride", lassen sie sich durchaus unterschiedlich anwenden. Es sei an dieser Stelle nur auf diese Varianten verwiesen. Anerkennungstheorien und Entfremdungstheorien loten in unterschiedlichen Anläufen sowohl Intersubjektivitäten wie auch Relevanzen von Menschenwürde aus.[35] Greifen wir von diesen Theorien aus zurück auf die Ideen der Dialektik, so kann auch die Position des französischen Philosophen Jean-Paul Sartre an dieser

---

34   Westerwelle (2015), 141f.
35   Stellvertretend sei auf die Darstellung der Anerkennungstheoretiker in den unterschiedlichen Ausformungen (Honneth, Habermas, Forst, Menke usw.) im Theorieteil B des „Wörterbuchs der Würde" verwiesen. Außerdem Menke / Khurana (2011).

Stelle angedeutet werden. Eine „Art" von Autonomie ergäbe sich hier aus einer spezifischen Verhältnisbestimmung zu einem „Gegenüber", das Sartre grob gesagt folgendermaßen fasst: In der Welt der Massivität des Seins (das An-sich) tritt der Mensch als ein Selbstbewusstsein auf, indem er gegenüber dem an-sich eine „Beziehung" zu sich aufreißt durch Verneinung. Das Selbstbewusstsein ist *nicht*, was das Sein *ist*. Diese Verneinung wird möglich durch die Freiheit. Der Akt, mit dem ein Selbstbewusstsein seine Freiheit bekundet, ist ein Akt der *Nichtung, der* nicht empirischer Art ist, aber die Welt durch entscheidende Fragen in Gestalt bringt. In dieser Figur liegt die mögliche Korrelation mit bioethischen Fragen von Menschenwürde und Autonomie begründet. Die durch einen Akt der Nichtung aufgeworfenen Fragen verstehen sich grundsätzlich als problematisierende Reflexion über Prozesse und Sachverhalte, die durch das Fragen in ihrem beinahe automatisiert ablaufenden Fungieren und Operationsketten unterbrochen und hinterfragt werden. Fragen können sich in Sätzen spiegeln wie „Sind Menschen Roboter? Wenn sie keine sind, wie wollen wir sie behandeln?" oder „Wie kann die Unversehrtheit von Menschen erhalten bleiben, wenn es einen Mangel an Organen gibt"? Wo hört das Menschliche in einer „Mensch-Maschinen-Interaktion auf? Sind künstliche Implantate sinnvoll und notwendig, um Menschen bei Mangel autonomer Fähigkeiten und Performanzen hilfreiche Ersatzmodi zur Verfügung zu stellen, z.B. beim Locked-In-Syndrom durch entsprechende Apparaturen? Wo verläuft die Grenze des Erlaubten, des Zumutbaren und des Geschuldeten und wo wird diese Grenze in unzulässiger Weise übertreten, z.B. zu Formen eines unzulässigen Enhancement oder gar Missbrauchs?[36] Fragen solcher Art setzen ein „In-Beziehung-Setzen-Können" voraus. Diese Form führt zu zwei bemerkenswerten Modalitäten, die in den gegenwärtigen bioethischen Debatten relevant werden können. Sartre anvisierte eine radikale Verantwortlichkeit, beschreibt aber auch die entscheidende Differenz zwischen *operierenden* und *thematisierenden* Expertensystemen.[37] Der „bloße" Wissenschaftler ist derjenige, der sein Werk verrichtet und seine Handlungen vollführt (z.B. Klontechniken zur Anwendung zu bringen). Der „Intellektuelle" ist hinge-

---

36 Kapust (2012). Der Neuroinformatiker Christoph von der Malsburg versucht, Gehirnaktivitäten zu ergründen und sie für die Erforschung technischer Anwendungen fruchtbar zu machen. Als einer der wenigen Forscher ist er sich jedoch der Gefahr bewusst, dass zukünftige „selbststeuernde Maschinen mit Gehirnäquivalenzen", wenn sie den Status „lebendiger Organismen" oder sogar von Personen erreicht haben könnten, den Menschen das Zepter aus der Hand nehmen könnten.

37 Siehe Kapust (2016), 123

gen derjenige (Wissenschaftler), der anfängt, aus Verantwortung Fragen zu stellen und das praktizierende System (Luhmann) übersteigt: Dürfen wir die Atombombe bauen und können wir sie verantworten? Haben wir wirklich über alle Folgen der Contergantablette nachgedacht? Können wir wirklich alle Risiken von Dioxin oder Asbest verantworten? Haben wir neuartige Technologien wie z.B. das Genome Editing durch die CRISPR/Cas-Methode in allen Risikomodalitäten „unter Kontrolle"? Haben wir neue Technologien wie die Optogenetik einer Art „Technikfolgenabschätzung" unterzogen, um einen späteren Missbrauch, illegitime Anwendungen oder negative Folgen ausschließen zu können?

3 Autonomie in Figuren von Responsivität

Nun wird in zahlreichen Kontexten von Bioethik und Biopolitik deutlich, dass die Spielräume von Autonomie mit weiteren Theoremen modifiziert werden müssten. Es mag so ausschauen, als würde ein durch reproduktives Klonen erzeugter Mensch seine „eigene Person" sein können, über eine eigene „Deutungshoheit" seines Lebens verfügen und selbst bestimmen können. Realiter kann ein Klon dies *nur* in den Rahmenbedingungen vorgegebener und fremdbestimmt auferlegter Fremdheit, nämlich Mensch im Zeichen eines anderen Menschen sein zu müssen und nicht anders wählen zu können. Es mag fernerhin so aussehen, als könne auch noch der Schwerstkranke auf der Intensivstation eigenwillig Maßnahmen bestimmen. Und es mag auch so aussehen, als wären schwierige Sachverhalte wie eine Organtransplantation durch einen herkömmlichen Begriff von Autonomie problemlos abgedeckt. Betrachten wir die angesprochenen Bereiche etwas genauer, stoßen wir auf „Fremdattribute", die argumentativ berücksichtigt werden müssen. Dies wird beispielsweise im Feld des reproduktiven Klonens deutlich, welche von der Kontroverse um „vollkommene Autonomie" des „erzeugten Menschen" oder „eingeschränkte Autonomie" eines erzeugten Menschen im Zeichen einer „Fremd-Originarität" bestimmt wird. Nun ist in unseren (westlichen) Kulturen das reproduktive Klonen von Menschen nicht erlaubt. Wir könnten uns jedoch fragen, ob technische Möglichkeiten entsprechende reale Begehrlichkeiten freisetzen, die in anderen Sprachspielen und Kulturen dieser Welt, die nicht an unsere Begriffe von Menschenwürde und Autonomie gebunden sind, als potentielle Zukunftsszenarien am Horizont stehen könnten.

Vertreter des (reproduktiven) Klonens argumentieren an erster Stelle, dass eine durch Klonierung erzeugte Person wie jeder andere Mensch den vollen Schutz des Art. 1 GG genießen würde und auch dessen egalitärer Würdeanspruch nicht beeinträchtigt sei. Damit läge auch kein Verstoß gegen das grundlegende Gleichheitsgebot vor. Der Einwand, dass das Klonieren die Einmaligkeit eines betroffenen Menschen verletze, wird zurückgewiesen mit der Auffassung, „genetische" Identität sei kein Merkmal personaler Identität und dass auch eineiige Zwillinge nicht unter ihrem genetischen Doppelgänger leiden würden.[38] Der geklonte Mensch könne auch als Kopie als Selbstzweck betrachtet und behandelt werden und „autonome Selbstverhältnisse" ausbilden. Autonome Fähigkeiten wie die „Ausbildung eines Entwurfsvermögens", die freie Wahl, eine vernünftige und autonom angelegte Identität seien möglich, so dass der volle Status eines moralischen Subjektes in Anspruch genommen werden könnte.[39] Diese Perspektive steht konträr zur Argumentation von Jürgen Habermas, dass das Klonen der erzeugten Person ihre Voraussetzungen für ein freies und selbstverantwortliches Handeln zerstört habe.[40] Die oben angeführte Argumentation setzt den durch Klonierung erzeugten Menschen mit dem normalen, natürlich gewordenen Menschen gleich und unterschlägt gerade das entscheidende Moment, nämlich jene *poiematische* Praxis, welche einen genuinen Begriff von Autonomie verunmöglicht und in Fremderzeugung und Fremdverfügung übergeht.

Die Gleichsetzung der „Geschichte" eines Klons mit seiner Existenz ignoriert erstens den Status der unabweislichen „Vorgeschichte" *vor* seiner realen Existenz. Sie ignoriert zweitens das Problem, dass diese Vorgeschichte nicht ohne Rückwirkungen für das spätere reale Selbst bleibt, und ignoriert drittens die Möglichkeit, dass der durch Klonierung erzeugte Mensch der Möglichkeit nach diesem Prozess hätte seine Zustimmung verweigern können, dies faktisch aber nicht kann bzw. diesen Prozess nicht selbst aufheben kann. Ihm ist daher Autonomie auf allen Ebenen in dieser Kausalität vorenthalten worden, was eine eminente Depravation darstellt.

Im Falle der Klonierung liegt eine Einwirkung auf „etwas" vor (Zellmaterie), aus dem sich ein menschliches Selbst entwickeln soll. Aristoteles hatte bereits

---

38   Harris (1998), Kersten (2004)

39   Gutmann führt als „Befürworter" Philosophen wie Quante und Nunner-Winkler an, doch werden auch hier „Voraussetzungen" unterschlagen: Nunner-Winkler (2005,) Quante (2010).

40   Die Juristin Tatjana Hörnle teilt die ungebrochene Euphorie bzgl. des reproduktiven Klonens, das man bei einigen Theoretikern findet, nicht und verweist immerhin auf Einwände wie die von Jürgen Habermas, die Identität und damit Autonomie der geklonten Person sei durch die Verwehrung einer unverstellten eigenen Zukunft beeinträchtigt, in: Hörnle (2013), 769f.; Habermas (2005).

das Problem der Selbstheit angesprochen, indem er darauf hinwies, dass es kein Leben ohne „individuelle Lebewesen" gibt, die „es leben und als empfindsame und selbstbewegliche Wesen erleben".[41] Die Einwirkung auf etwas erweist sich dabei nicht nur als „Handlung an etwas", das sich später als Selbst erweist, sondern als Fremdeinwirkung auf ein „fremdes Selbst", das Bernhard Waldenfels in scharfen Worten beschreibt: „Eine Biotechnik, die über operative Eingriffe hinaus auf das lebende Selbst abzielt, würde sich damit dem Paradox einer *Fremdherstellung* (und *Fremdvernichtung*) annähern. Die Autopoiesis ginge gleichsam über in eine Heteropoiesis, d.h. in eine Poiesis, die klein bloßes Werk und auch nicht sich selbst, sondern ein anderes Selbst herstellt." Doch diese „Fremdherstellung" besagt, dass das bewirkte Leben ein „*Poiema*, ein Machwerk wäre. So wie der Maler bei den Griechen ζώγραφος, also Lebenszeichner heißt, so wäre der Biotechniker als ζωποιηιης, als Lebensmacher zu bezeichnen."[42] Für den Philosophen ergeben sich aus diesem Prozess bereits mehrere Probleme: 1. Zuvörderst steht ein kategoriales Problem, das der Realist unterschlägt: „Ein Selbst, das in entscheidender Hinsicht weder von sich aus noch aus sich selbst oder durch sich selbst entstünde, wäre nur noch ein *Selbes* [was in dieser Form nicht mit einem *Selbst* deckungsgleich wäre, Zusatz und Hervorhebung A.K.], das seine Bestimmung von außen empfänge. Es würde all unsere Vorstellungen von Selbstheit und Lebendigkeit über den Haufen werfen. Die Herstellung eines Selbst, das – sprachlich betrachtet – nur noch als Genitivus objectivus aufträte, wäre von der Herstellung eines Dinges nicht mehr zu unterscheiden."[43] Hergestellt wird ein idem: ein Selbes, von dem nicht erklärbar wäre, wie es ein *ipse* wird. Waldenfels verweist auf die entscheidenden Begründungsdefizite in diesem Komplex. Diese Form der Fremdeinwirkung und Fremdherstellung gliche einem „evolutionärem Monismus", in dem die Biotechnologie des Klonens eine Fortsetzung der natürlichen Evolution mit künstlichen Mitteln darstellen würde. Dieser biotechnische „evolutionäre Monismus" wird jedoch mit unausweichlichen Problemen konfrontiert, indem seine Programmatik von einem „praktischen Dualismus" überlagert wird, denn der monistische Realist müsste erklären können, wie aus einem Selben ein Selbst wird, wie eine Entität, an der aus der Dritte-Person-Perspektive biotechnisch hantiert wird, plötzlich eine Person in der Erste-Person-Perspektive wird, die sich vom Status einer „hergestellten Sache"

---

41   Aristoteles. Politik VII 16, 1335b19-26; Waldenfels (2002), 428
42   Waldenfels (2002). 428
43   Waldenfels (2002), 428

in eine Person mit rechtlich-moralischen Zurechenbarkeiten verwandelt. Der Realist müsste erklären können, wie aus der originären Bio-Chemie der Zellmaterie, an der Fremdeinwirkungen praktiziert werden, eine Anthropologie oder Moral entsteht, wenn er diese Kluft nicht durch einen „deus ex machina" oder ein „Wunder" überbrücken möchte. Ein hartgesottener Realist, der diese Vorgeschichte abtrennt, hat sich dieser Frage jedoch entzogen und überspringt die Ebene der biotechnischen Herstellung zugunsten einer „Noogenese" der Person, bei der nur noch an der „Zuschreibungsschraube gedreht" wird, die klärt, wann jemandem wie dem geklonten Menschen eine Würde zugestanden oder zuerkannt wird (bzw. auch aberkannt wird, insofern Zuschreibung mit der Kehrseite von Aberkennungspraktiken einhergeht). Die Weigerung, den (heuristisch) fundamentalen Unterschied zwischen „natürlich gewachsen" und „künstlich hergestellt" zu akzeptieren, indiziert ebenso wie die Verkennung der Differenz von Original und Kopie einen enormen kategorialen Fehler. Würde es sich zudem um moralisch bedenkliche Kopien handeln (Kopie eines Mengele, eines Hitler usw.), würde der Klon sicherlich mit diesen Formen von Instrumentalisierung, die seiner Existenz vorausgingen, die ihn aber gerade in dieser Weise ins Leben brachten, unbestreitbare Probleme haben, die wir als Menschenwürdeprobleme klassifizieren müssten. Fremdeinwirkung hat ihm eine „Identität" auferzwungen, die er nicht gegen eine freie und selbstgewählte eintauschen kann.

Auch in anderen Kontexten gestaltet sich das Selbst-, Anderer- und Weltverhältnis nicht so glatt im Sinne einer ungeschmälerten Selbsthoheit.[44] Der bereits angeführte Guido Westerwelle analysiert in eindringlichen Beschreibungen die vielfachen Verluste von Autonomie in Selbstdeutung, Empfinden, Biographie und Personalität sowie den „Zwang", sein Leben neu im Zeichen unabweisbarer Fremdheit entwerfen zu müssen. Am Anfang steht das Ereignis, dass sich der Krebs wie ein Fremdkörper Zugriff über sein Leben verschafft, fortan „wie ein Böses" alles bestimmt, ohne „vorher anzuklopfen". Der Krebs setzt sich ungefragt im Eigenen fest.[45] Im Zuge der Aplasie erlebt Westerwelle die notwendige

---

44   Aus diesem Grunde hatte ich seinerzeit auch den Palliativmediziner Bernd Oldenkott gebeten, das Stichwort Palliativmedizin im „Wörterbuch der Würde" zu verfassen, wohlwissend, dass der Autor die Theorie der Fremdheit und Responsivität in Ansätzen kennt, siehe: Gröschner / Kapust / Lembcke (2013), 261-263. Es sollte damit gewährleistet werden, dass dem Sachverhalt angemessener gerecht werden konnte, da die zahlreichen „Fremdheiten" nicht unterschlagen werden würden.

45   Westerwelle (2015), 170, 105, 124f. Dieses Faktum umschreibt er mit der Theorie von Sontag (1981).

Immununterdrückung vor einer Transplantation als eine absolute Auslöschung seines bisherigen Lebens und Ichs, als eine extreme Anspannung vor Tod, Ohnmacht, Ausgesetztheit, Einsamkeit, Verzweiflung, Angst und Ungewissheit. Er deutet sie als Fremdbestimmung, bei der nur noch „Hilfe von oben" helfen könne, obwohl er selbst ja diesen Maßnahmen zugestimmt hatte und sie gewollt hatte. Der „Fremdkörper im Eigenen" ist kaum noch zu ertragen, er ist überall, kaum zu lokalisieren und noch weniger zu bewältigen. In diesem „Zwischenraum" erlebt er sein altes Leben als ausgelöscht, sein neues Leben jedoch noch nicht angekommen, weshalb er sich in der Reflexion (sofern kräftemäßig überhaupt noch in der Lage) auf das philosophische Paradox des Schiffs des Theseus als Problem der doppelten Identität bezieht.[46] Das Fremde erdrückt ihn: „Deshalb fällt es vielen Leukämiepatienten auch so schwer, sich die Transplantation vorzustellen: Was wird da eigentlich übertragen? Fremdes Blut? Fremdes Knochenmark? Fremde Erinnerungen? Fremdes Leben? Fremdes Menschsein?"[47] Am Ende steht der Druck einer völlig neuartigen Kartographierung eines neuen Selbst, der letztlich kaum noch zu bewältigen ist und die der Mediziner dem Patienten mit folgenden Worten offenbart: „Meine Blutgruppe sei künftig eine andere, nämlich die des Spenders, eines jungen Mannes aus Nordrhein-Westfalen. Auch seine Virus-Vorerkrankungen seine fortan meine Virus-Vorerkrankungen. Was nicht ausschließt, dass ich alle Schutzimpfungen neu bekommen müsse."[48]

Es ist vor diesem Hintergrund eine knappe Skizzierung des theoretischen Begriffs der Fremdheit sinnvoll. Der Begriff der Fremdheit wurde in der Phänomenologie skizziert. Das Thema selbst war lange kein zentraler Aspekt der abendländischen Philosophie gewesen. Fremdheit reduzierte sich auf eine *relative* Fremdheit, solange der Mensch in einer umfassenden Ordnung (Kosmos, Vernunftordnung, Monadengemeinschaft usw.) seinen Platz hatte und darin Andersartigkeiten aufgehoben werden konnten. Die neuzeitliche Freisetzung des

---

46 Westerwelle (2015), 204f.

47 Westerwelle (2015), 170. Streng genommen müsste hier zwischen einem Begriff relationaler Andersheit und dem absoluter Andersheit im Sinne unverfügbarer Fremdheit unterschieden werden.

48 Westerwelle (2015), 205. In diesem Zusammenhang sollten auch weitere Erörterungen generell zum bioethischen Problem von Organspende und Transplantation folgen. Aus Platzgründen wird an dieser Stelle darauf verzichtet. Verweisen sei zur Auseinandersetzung mit realfaktischen Komponenten jenseits eine oftmals geglätteten offiziellen Autonomie- und Würdediskurses auf Bleuel / Esser / Schröder (2017).

Ichs führt zu einer Konfrontation mit konkurrierenden Fremd-Ichen, von denen ein „Ich" nicht nur (relativ) verschieden ist, sondern auch durch einen unüberbrückbaren Abstand getrennt ist. Der cartesianische Weg der Verallgemeinerung einer transsubjektktiven Ichfunktion, der dialektische einer Aufhebung oder auch der Weg einer Spiegelung relativer Fremdheit im Primat des Eigenen führt nicht zu einem *genuinen Fremden*. Theorien der Einfühlung, des Analogieschlusses oder auch der Ausschaltung des Fremdpsychischen scheitern hier. Erst der Phänomenologe Edmund Husserl thematisiert eine originäre Fremderfahrung als „bewährbare Zugänglichkeit eines original Unzugänglichen".[49] Fremdes ist nun nicht mehr eine defizitäre Bestimmung eines „noch nicht" oder „Nicht-Bekannten", sondern konstitutive Abwesenheit und Ferne. Es ist daher nicht bloß relativ fremd für uns. Eine Topographie des Fremden im Rahmen einer responsiven Philosophie präsentiert folgende Modi: Fremd ist zunächst, was außerhalb des eigenen Bereichs vorkommt (xenon, externum, extraneum, peregrinum/ étranger, foreign(er), stranger), so kulturelle und politische „Fremde", Fremdsprachem Fremdgruppen usw. Fremd ist zweitens, was Anderen gehört (allotrion, alienum, alien), z.B. in Erfahrungen von Entfremdung und Entäußerung. Fremd ist drittens, was von anderer Art ist (xenon, insolitum, étrange, strange).[50] Hier bricht eine Heterogenität auf, die neben Andersartigkeit auch innere Ungleichförmigkeit bezeichnet. Fremdheit bedeutet sinngemäß die Unzugänglichkeit eines bestimmten Erfahrungs- oder Sinnbereichs (etwas ist uns fremd), aber auch die Nicht-Zugehörigkeit zu einer Gruppe. Fremdheit im eigentlichen Sinne ist aber keine Exklusion, sondern ein Phänomen des Entzugs: etwas entzieht sich mir und ist mir fremd, genau darin ist es eben nicht anzueignen. Ich bin geboren und bin deshalb auf der Welt, aber meine Geburt selbst kann ich mir nicht aneignen. Sie besteht wie eine „Vergangenheit, die nie Gegenwart war". Zu modifizieren ist ebenso zwischen einer ekstatischen Fremdheit (Fremdaffektion im Kern des Selbst), einer duplikativen Fremdheit (Form einer Selbstspaltung, die Fremdes im Eigenen freisetzt), einer extraordinären Fremdheit (betrifft ein Jenseits von Ordnungsgrenzen), einer invasiv-evasiven Fremdheit und einer liminalen Fremdheit.[51] Je nach kategorialer Anforderung müssten die jeweiligen Antworten ausgearbeitet werden.

---

49   Husserl (1950), 144
50   Waldenfels (1997), 17ff
51   Waldenfels (2002), 2002, 205, 212ff., 241ff., 182

Von diesem Begriff aus ergibt sich ein Fenster auf zukünftige Entwicklungen, deren Problematik hier nur denkbar knapp angedeutet werden kann. Mit neuen Techniken scheint auch ein neuartiger Handlungstyp zum Zuge zu kommen, den ich zu Beginn der Ausführungen als „poiematisch" bezeichnet habe. Es handelt sich hierbei um einen Zwitterbegriff aus *praxis* und *poesis*, der die Akzente zugunsten einer Fremdherstellung und Fremdverfügung verschiebt und der trotz aller Verheißungen und Hoffnungen doch auch mit enormen Reflexions- und Begründungsdefiziten einhergeht. Lassen wir die vielen Details hier aus Platzgründen einmal ausgespart, soll doch abschließend angemerkt werden, dass das bisherige Ausbleiben zahlreicher Argumente Erstaunen hervorrufen muss. Mit Blick auf eine Menschenwürde wäre zudem der Rekurs auf Begriffe des Menschenbilds und der Menschheit notwendig, und zwar jenseits aller Reduktionen auf das Argument des naturalistischen Fehlschlusses. Reflektiert werden müsste das Problem im *globalen* Kontext *internationaler* Positionen und *interkultureller* Sprachspiele, mithin im Kontext anderer Kulturen, die eben nicht um unsere Begriffe vom Menschenwürde und Autonomie herum gebaut sind. Die Orientierung an einem wie auch immer gearteten Autonomiebegriff ist in diesem Kontext keinesfalls selbstverständlich. Verschiedene Argumente müssten unbedingt Gehör finden und zu Antworten herausfordern. Angeführt werden müsste zunächst ein „Asymmetrie-Argument": Es besteht eine fast vollständige Asymmetrie zwischen der operierenden und thematischen Ebene. Expertensysteme koppeln sich rasant von Reflexionen zu Ethik und Verantwortung ab. Bedenklich erscheint auch ein „Irreversibilitätsargument": Bereits Hannah Arendt hatte in ihren politischen Fragmenten mit Blick auf die Atombombe deutlich gemacht, dass Erfindungen nicht mehr rückgängig gemacht und aus der Welt geschafft werden können. Für Unruhe sorgt auch ein „Obstruktions-Argument": Wir beeinträchtigen unsere Lebensformen. Der Preis für unübersehbare „Korrolarschäden" und entsprechenden Missbrauch ist jedoch „zu hoch". Defizitär wird bisher auch das „Korrektur-Argument" angesetzt: Sinnvolle und wirksame Schutzmaßnahem werden zu wenig diskutiert und angestoßen. Notwendig erscheint die Verständigung auf ein „Kontrakt-Argument": Wir sind eine „Weltgemeinschaft" und haben nur „eine Welt". Verfügung muss hier mit einem Sinn für „Unantastbarkeit" einhergehen. Wir müssen über nationale Grenzen hinweg und in der Pluralität der Sprachspiele zu einer intertextuellen Verständigung kommen, z.B. in Form einer „UN-Charta biotechnischer Verpflichtungen". Hieraus ergibt sich auch ein „Vermächtnis-Argument": Im Sinne eines Zukunftsvertrages sind wir es zukünftigen Generationen gegenüber schuldig, gegen Vergessen und Verlust eines hu-

manen Gedächtnisses einen Vermächtnis- und Schwellenbegriff von Menschenwürde zu bewahren, der in einer maßgeblichen Autonomie die Vorsorge und
Unverfügbarkeit einschließt und daher stärkere Verpflichtungen auf fundamentale Unantastbarkeiten hin betont. Zielpunkt müsste eine bioethische Charta sein,
die analog zur UN-Charta politisches und ethisches Handeln auf Unantastbarkeit
und Unverfügbarkeit verpflichtet.

Literaturverzeichnis

R. Andorno / R. Düwell. 2013. Der Menschenwürdebegriff in der Bioethik. In: Menschenwürde und Medizin. Ein interdisziplinäres Handbuch. J.C. Joerden, E. Hilgendorf, F. Thiele (Hrsg.), 465-481. Berlin: Duncker & Humblot

Aristoteles. 1990. Politik. Hamburg: Meiner

Baldus, M. 2016. Kämpfe um die Menschenwürde. Die Debatten seit 1949. Berlin: Suhrkamp

Beauchamp, T.L. / Childress, J.F. 1979. Principles of Biomedical Ethics. New York:
Oxford University Press

Beckermann, A. 2006. Freier Wille – Alles Illusion? In: S. Barton (Hrsg.). …weil er für
die Allgemeinheit gefährlich ist! Prognosegutachten, Neurobiologie, Sicherungsverwahrung, 293-307. Baden-Baden: Nomos

Berlin, I. 1995. Zwei Freiheitsbegriffe. In: Freiheit. Vier Versuche, Frankfurt: S. Fischer

Bieri, P. 2013. Eine Art zu leben. Über die Vielfalt menschlicher Würde. München: Hanser

Birnbacher, D. 2004. Menschenwürde - abwägbar oder unabwägbar? In: Biomedizin und
Menschenwürde. M. Kettner (Hrsg.), 249- 271. Frankfurt: Suhrkamp

Birnbacher, D. 2008. Annäherungen an das Instrumentalisierungsverbot. In: Menschenwürde. Begründung, Konturen, Geschichte. G. Brudermüller, K. Seelmann (Hrsg.),
9-23. Würzburg: Königshausen & Neumann

Bittner, R. 2017. Bürger sein. Eine Prüfung politischer Begriffe, Berlin/München/Boston:
De Gruyter

Bittner, R. 2017b. Abschied von der Menschenwürde. In: Menschenwürde. Eine philosophische Debatte über Dimensionen ihrer Kontingenz. M. Brandhorst, E. Weber-
Guskar (Hrsg.), 91-112. Berlin: Suhrkamp

Bleuel, N. / Esser, C. / Schröder, A. (Hrsg.). 2017. Herzenssache Organspende: Wenn der
Tod Leben rettet. München: Bertelsmann .

Buber, M. 1985. Pfade in Utopia. Über Gemeinschaft und deren Verwirklichung. 3. Aufl.
Heidelberg: Lambert Schneider

Buber, M. 1994. Das dialogische Prinzip. 7. Aufl. Gerlingen: Lambert Schneider

Cohen, H. 1919. Religion der Vernunft aus den Quellen des Judentums. Leipzig: Fock

Gawande, A. 2017. Sterblich sein. Was am Ende wirklich zählt. Über Würde, Autonomie
und eine angemessene medizinische Versorgung. Frankfurt: Fischer Taschenbuch

Gröschner, R / Kapust, A. / Lembcke, O. W. (Hrsg.). 2013. Wörterbuch der Würde (Handbuch zur Menschenwürde), München: Fink

Habermas, J. 1981. Theorie des kommunikativen Handelns. Frankfurt: Suhrkamp

Habermas, J. 2005. Die Zukunft der menschlichen Natur. Auf dem Weg zu einer liberalen Eugenik? 5. Aufl., Frankfurt: Suhrkamp

Harris, J. 1998. Cloning and Human Dignity. In: Cambridge Quarterly of Health Care Ethics 7: 163-167

Hill, T.E. 2003. Die Würde der Person. Kant, Probleme und ein Vorschlag. In: Menschenwürde. Annäherungen an einen Begriff. R. Stoecker (Hrsg), 153-173. Wien: ÖBV + HPT

Hörnle, T. 2013. Menschenwürde und reproduktives Klonen. In: Menschenwürde und Medizin. Ein interdisziplinäres Handbuch. J. C. Joerden, E. Hilgendorf, F. Thiele (Hrsg.), 765-780. Berlin: Duncker & Humblot

Husserl, E. 1950. Cartesianische Meditationen. Den Haag: Martinus Nijhoff

Jaeggi, R. 2016. Entfremdung. Zur Aktualität eines sozialphilosophischen Problems, Berlin: Suhrkamp

Kant, I. 1968. Grundlegung zur Metaphysik der Sitten (1785). In: Kants Werke. Akademie-Textausgabe. Bd. 4. Preußische Akademie der Wissenschaften (Hrsg.). Berlin, New York, 385–463. (abgek. AA mit römischer Seitenzahl)

Kapust, A. 2004. Der Krieg und der Ausfall der Sprache. München: Fink

Kapust, A. 2005. Human Dignity, Persons and Nature", Vortrag auf der internationalen Tagung: Philosophical Anthropology Reviewed and Renewed: History, Evidence, Synthesis, and Normative Implications, University of Notre Dame, Notre Dame/USA 6.-10. Mai. Bisher unveröffentlicht.

Kapust, A. 2007. Menschenwürde auf dem Prüfstand. In: Philosophische Rundschau, (4/2007): 279-307

Kapust, A. 2010. Das Unantastbare. Menschenwürde im Diskurs der Philosophie. In: Das Dogma der Unantastbarkeit. R. Gröschner, O. Lembcke (Hrsg.), 269-313. Tübingen: Mohr Siebeck

Kapust, A. 2011. Ethics of Respect and Human Dignity. A Responsive Reading. In: Etica & Politica / Ethics & Politics. XIII / 1: 151 - 163

Kapust, A. 2012. Der kommunikative Imperativ. Patienten unter dem Verlust der Sprachfähigkeit. In: Gelebter Leib – verkörpertes Leben: Neue Beiträge zur Phänomenologie der Leiblichkeit. M. Staudigl (Hrsg.), 115-134. Würzburg: Königshausen & Neumann

Kapust, A. 2016. Verantwortung angesichts humanbiologischer Herausforderungen. In: Labyrinth. An International Journal for Philosophy, Value Theory and Sociocultural Hermeneutics, Vol. 18 (1): 114-129

Kersten, J. 2004. Das Klonen von Menschen: Eine verfassungs-, europa- und völkerrechtliche Kritik. Tübingen: Mohr Siebeck

Macklin, R. 2003. Dignity as a Useless Concept. In: British Medical Journal 327: 1419-1420

Menke, C. / Khurana, T. (Hrsg.). 2011. Paradoxien der Autonomie. Freiheit und Gesetz. Berlin: August

Nunner-Winkler, G. 2005. Können Klone Identität ausbilden? In: Biopolitik. W. v. d. Daele (Hrsg.), 265-294. Wiesbaden: VS

Rössler, B. 2017. Autonomie. Ein Versuch über das gelungene Leben. Berlin: Suhrkamp

Susan Sontag. 1981. Krankheit als Metapher. Frankfurt: Fischer Taschenbuch

Steinfath, H. 2017. Menschenwürde zwischen universalistischer Moral und spezifischen Lebensideal. In: Menschenwürde. Eine philosophische Debatte über Dimensionen ihrer Kontingenz. M. Brandhorst, E. Weber-Guskar (Hrsg.), 266-292. Berlin: Suhrkamp

Theunissen, M. 1991. Negative Dialektik der Zeit, Frankfurt: Suhrkamp

Tugendhat, E. 1979. Selbstbewusstsein und Selbstbestimmung. Frankfurt: Suhrkamp

Tugendhat, E. 1984. Probleme der Ethik. Stuttgart: Reclam

Waldenfels, B. 1971. Das Zwischenreich des Dialogs. Sozialphilosophische Untersuchungen in Anschluss an Edmund Husserl. Den Haag: Martinus Nijhoff

Waldenfels, B. 1994. Antwortregister. Frankfurt: Suhrkamp

Waldenfels, B. 1997. Topographie des Fremden. Frankfurt: Suhrkamp

Waldenfels, B. 2001. Die Verfremdung der Moderne. Phänomenologische Grenzgänge. Göttingen: Wallstein

Waldenfels, B. 2002. Bruchlinien der Erfahrung. Frankfurt: Suhrkamp

Westerwelle, G. 2015. Zwischen zwei Leben. Von Liebe, Tod und Zuversicht. Hamburg: Hoffmann und Campe

Wolbert, W. 20013. Menschenwürde und Autonomie. Theologisch-ethische Dimensionen. In: Autonomie und Würde. Leitprinzipien in Bioethik und Medizinrecht. H. Baranzke, G. Duttge (Hrsg.), 77-96. Würzburg: Königshausen & Neumann

Quante, M. 2010. Menschenwürde und personale Autonomie. Demokratische Werte im Kontext der Lebenswissenschaften. Hamburg: Meiner R.

Das Konzept der Menschenwürde vor dem Hintergrund aktueller Entwicklungen in der Stammzellforschung und Genomchirurgie

Martin Hähnel

1 Inwiefern kann Menschenwürde im molekulargenetischen Bereich eine normative Rolle spielen?

Im Rahmen einer ethischen Bewertung der Genom-Editierung, das ist die gezielte Veränderung menschlichen Erbguts mit Hilfe solcher Methoden wie CRISPR/Cas9, erscheint der argumentative Rückgriff auf die „Menschenwürde" als schlagendes Argument gegen den Einsatz neuer biotechnologischer Verfahren im humanmedizinischen Bereich auf den ersten Blick überaus fragwürdig. Bekanntlich finden technische Eingriffe dieser Art vorwiegend im molekulargenetischen Auflösungsbereich statt, wo sich beim heranwachsenden Organismus weder eine eindeutig erkennbare menschliche Gestalt abzeichnet noch die als Embryonen identifizierten Entitäten auf ein intrinsisches Recht pochen können, nicht gedemütigt zu werden. In diesem Sinne geht Eric Hilgendorf davon aus, dass es für diesen Kontext „unwahrscheinlich ist, Fälle eindeutiger Menschenrechtverletzung aufzuspüren."[1] Wie jedoch an dieser Aussage exemplarisch deutlich wird, scheint sich Hilgendorf ausschließlich auf die in kausaler Nähe entstehenden Direktfolgen von Eingriffen in die genetische Struktur zu beziehen, ohne dabei zu bedenken, dass jene Eingriffe drastische Folgen für den späteren geborenen Menschen und seine Umwelt haben können sowie Rückkopplungseffekte auf vorgeburtliches Leben kommender Generationen zu erzeugen imstande sind.[2]

---

1   Hilgendorf (2013), 735

2   Auf die Frage nach der genetischen Selektion, die durch Verfahren der Genomeditierung möglich sind und mit deren Hilfe unerwünschte Eigenschaften abgewählt und erwünschte Ei-

© Springer Fachmedien Wiesbaden GmbH, ein Teil von Springer Nature 2020
J. Hattler und J. C. Koecke (Hrsg.), *Biopolitische Neubestimmung des Menschen*,
Philosophische Herausforderungen der angewandten Ethik und Gesundheitswissenschaften/Philosophical Challenges of Applied Ethics and Health
Sciences, https://doi.org/10.1007/978-3-658-28943-0_8

Wenn wir uns im Folgenden aber nicht auf eine direkte Bewertung des Einsatzes biotechnologischer Verfahren, deren hochartifizieller Charakter uns vor eigene, hier nicht zu erörternde ethische Probleme stellt, konzentrieren wollen, sondern vielmehr die genuine Moralfähigkeit entwicklungsbiologisch früher menschlicher Entitäten in den Blick zu nehmen gedenken, fällt sofort ins Auge, dass moderne Menschenwürdekriterien wie subjektive Handlungsfähigkeit, moralische Autonomie oder Selbstachtung im frühen Stadium der Entwicklung menschlichen Lebens empirisch nicht oder kaum nachgewiesen werden können und somit in argumentativer Hinsicht wenig Überzeugungskraft besitzen. Eine aus diesen Prämissen abgeleitete „Leistungstheorie" der Menschenwürde, welche voraussetzt,[3] dass es jeweils einen Träger geben müsse, den man für würdig und fähig erachte, um ihm die eben genannten statuskonstituierenden Eigenschaften zuschreiben zu können, kann also zum Zwecke der Verteidigung des Embryonenschutzes nicht herangezogen werden. Doch selbst wenn die Menschenwürdegarantie im Sinne des Verfügens eines Organismus über Selbstachtung für den biotechnologischen Bereich nicht einschlägig ist, heißt dies noch lange nicht, dass für menschliche Entitäten im frühen Stadium ihrer Entwicklung überhaupt keine Schutzansprüche gestellt werden können. Folglich sind auch zentrale Einsichten aus axiologisch begründeten Mitgifttheorien, deren zufolge die Menschenwürde ein dem Menschen von Gott und/oder der Natur mitgegebener Wert ist, sowie aus anerkennungstheoretisch fundierten Kommunikationsansätzen zur Menschenwürde in eine umfassende normative Bewertung einzubeziehen.

2 Stammzellen und Embryonen sind keine reinen Objekte und Resultate äußerer Zuschreibungsakte

Eine Berufung auf die „Menschenwürde" ist, wie oben gezeigt wurde, aus der Perspektive von Leistungs-, Mitgift- und Anerkennungstheorien das Resultat einer *extrinsischen Zuerkennung* eines besonderen Status namens „Würde", wobei hinzugefügt werden muss, dass diese Zuerkennung nur die Bestätigung

---

genschaften ausgewählt werden können, möchte ich in diesem Beitrag nur insofern eingehen, als ich glaube, dass etwaige Selektionshandlungen aufgrund der in den Abschnitten 3 und 4 genannten Kriterien nicht in Einklang mit der Menschenwürde gebracht werden können.

3   „Um als Würdeträger gelten zu können, muss ein Lebewesen z.B. über Handlungsfähigkeit, moralische Autonomie oder Selbstachtung verfügen." (Dietrich / Czerner 2013, 491f.)

dessen sein kann, was der Embryo prinzipiell schon immer haben muss, nämlich *seine* Würde. Dieser Umstand lässt damit auch nicht den Umkehrschluss zu, dass einmal mit Würde bedachte Entitäten nach erfolgter Zuerkennung ihren Status auf gleiche Weise verlieren können wie sie ihn gewonnen haben. Jedem noch so stichhaltigen Absprechen von Würde geht daher stets eine Zuerkennung derselben voraus, deren Notwendigkeit auf verschiedene Art und Weise (wie vor allem in Abschnitt 4 dargelegt) begründet werden kann. Entwicklungsbiologische Entitäten müssen demnach etwas besitzen, das ihnen nicht allein von außen zugeschrieben werden kann.

Zur philosophischen Verteidigung und Rechtfertigung eines intrinsischen moralischen Status sehr früher menschlicher Organismen und Lebensformen als Personen werden heute zumeist die sogenannten SKIP-Argumente,[4] die wiederum in verschiedene prinzipalistische Theoriemodelle eingebettet werden können,[5] herangezogen. Der explanatorische Anspruch prinzipalistischer Theorien lässt sich dergestalt umschreiben, dass für ethische Fragen der Genomeditierung im Bereich der Humanmedizin „nur eine Menschenwürdekonzeption [relevant] sein [kann], in der die Menschenwürde nicht ein spezielles Recht, nicht erniedrigt zu werden, bezeichnet, sondern in einer wie immer genauer zu bestimmenden Weise als Prinzip und/oder Grund der Menschen- und Grundrechte fungiert"[6]. Eine fundamentale Kritik an den SKIP-Argumenten und prinzipalistischen Begründungsmodellen läuft meist darauf hinaus, dass indirekte Wertzuschreibungen, die sich z.B. aus Würdeverletzungen ergeben,[7] bereits ausreichen würden, um den vollen Würdestatus zu begründen. Dies geht sogar so weit, dass behauptet wird, SKIP-Argumente und prinzipalistische Begründungen seien letztlich nichts anderes als solche indirekten Wertzuschreibungen, deren vorrangiges Ziel es ist, sich von einem naturalistischen Verständnis oder einem intrinsischen Wert der Würde, dem zufolge die genetische Disposition des Menschen bzw. seine natürliche Ausstattung genüge, um daraus einen vollen Begriff der

---

4   Siehe klassischerweise die Diskussion bei Damschen / Schönecker (2002). Die SKIP-Argumente (Spezies, Kontinuität, Identität, Potentialität) werden im Hinblick auf den molekulargenetischen Bereich meist für die Begründung eines speziesneutralen Schutzkonzeptes für menschliche Keimbahnzellen herangezogen und verwendet (vgl. Baranzke 2014, 202). Siehe dagegen für ein speziesabhängiges Schutzkonzept für menschliche Keimbahnzellen auf Basis der SKIP-Argumentationsstruktur: Hähnel (2017).

5   Vgl. die Ansätze von Gewirth (1992), Stepanians (2003), Düwell (2010), Enders (1997)

6   Störtkuhl / Rothhaar (2013), 784

7   Stoecker (2003)

Menschenwürde abzuleiten, abzugrenzen. Nun wissen wir aber nicht erst seit der epigenetischen Forschung, dass der Mensch nicht mit seinem Genom identisch sein kann. Allerdings scheint es ebenso unumstritten, dass dieses Genom in irgendeiner Weise bereits menschlich ist und auch über die Zeit hinweg, *ceteris paribus*, menschlich bleiben wird. Indes scheint die moderne Biotechnologie immer mehr dazu überzugehen, jene Bedingungen, die einen menschlichen Organismus naturgemäß zu dem machen, was er ist, tiefgreifend zu beeinflussen bzw. zu verändern. Aus diesem Grund ist beispielsweise jede Veränderung des menschlichen Erbgutes durch die künstliche Einbringung nicht-arteigenen tierischen Materials ein ethisch hochproblematisches Unterfangen und verlangt daher nach einer eingehenden Prüfung, inwieweit mit Eingriffen dieser Art sowohl aktuelle als auch potentielle Würdeverletzungen begangen werden.[8]

3 Das Instrumentalisierungsverbot als „schwache" Menschenwürdegarantie

Die Diskussion um verschiedene Vergabemöglichkeiten der Menschenwürdegarantie im molekulargenetischen Bereich kreist heute meist – und unter Umschiffung der Überlegung, dass menschliche Embryonen oder die zu ihnen führenden komplexen Zellverbände in gewisser Weise bereits für sich selbst existieren und damit auch Selbstzweckcharakter besitzen –[9] um die Frage, wie einem noch nicht vorhandenen Würdeträger subjektive Rechte zugesprochen werden können. Während Henning Rosenau dafür plädiert, dem noch nicht vorhandenen Träger diese Rechte vorwirkend einzuräumen,[10] ist Jens Kersten der Auffassung, dass eine Notwendigkeit besteht, objektiv-rechtliche Schutzpflichten einzuführen, die auf die Idee einer Gattungswürde rekurrieren können, aber nicht müssen.[11]

Auf diese rechtstheoretischen Versuche, einem noch nicht vorhandenen Würdeträger vorwirkend Rechte zuzusprechen, die ihm vor einem instrumentellen Zugriff schützen sollen, reagieren vor allem philosophische Ethiker mit großer Skepsis. Das liegt vor allem daran, dass viele Philosophen glauben, Juristen

---

8   Die teilweise absurde Rede von einem „Chimärenwürdeschutz" (Joerden 2013) macht allzu deutlich, dass wir nur analog zu einem Begriff der Menschenwürde überhaupt beurteilen können, welcher epistemische und ontologische Status welchen Organismen zukommt.

9   Vgl. Denker (2017)

10   Rosenau (2003)

11   Kersten (2004)

schrieben menschlichen Embryonen Rechte auf Basis der Leistungstheorie der Menschenwürde zu, würden aber in ihrer Rechtfertigung implizit auf irgendwelche, von den meisten philosophischen Kritikern der Menschenwürde abgelehnten Mitgifttheorien zurückgreifen. Aus diesen und anderen Gründen ist es um eine normativ verstandene Menschenwürde in einem genuin philosophischen Diskurs oftmals auch schlechter bestellt als in biorechtlichen Debatten,[12] was zu einer generellen Schwächung des Verbindlichkeitscharakters des Instrumentalisierungsverbotes und damit auch der Menschenwürdegarantie führt.

Ungeachtet der notorischen Anfechtbarkeit des Menschenwürdebegriffs gibt es aber noch andere ernstzunehmende philosophische Kriterien, die die Menschenwürde als einen normativen Leitbegriff, welcher zwischen verschiedenen Anschauungen bezüglich der ethischen Bewertung neuer biotechnologischer Verfahren zu vermitteln vermag, bestätigen. Diese Brückenfunktion eines philosophisch verstandenen Menschenwürdebegriffes ist allein schon deswegen wichtig, weil eine angemessene ethische Bewertung nur möglich bleibt, wenn die Anschlussfähigkeit der Diskussion an rechtsethische und rechtspolitische Fragen weiterhin gewährleistet wird.

Bevor ich nun im letzten Abschnitt auf die bereits angesprochenen philosophischen Kriterien eingehen möchte, sei noch gesagt, dass die Menschenwürde auch Funktionen übernehmen kann, die sich nicht mit ihrer rechtlichen oder philosophischen Rolle decken. Demzufolge kann Menschenwürde auch als interkulturelles Verständigungsprinzip fungieren, welches gerade für Länder gelten sollte, die diesen Begriff nicht kennen, aber auf humanbiotechnologischen Gebiet derzeit große wissenschaftliche Erfolge erzielen, z.B. China. Ferner wird die Frage nach der Sinnhaftigkeit der Vergabe von Menschenwürdegarantien im biotechnologischen Bereich damit automatisch zu einer Frage der aktuellen Forschungsethik, denn inwieweit kann und soll die ethische Haltung der Forscher gegenüber ihrem spezifischen (d.h. menschlichen) Untersuchungsgegenstand eine entscheidende Rolle für die ethische Bewertung spielen? Kann es zum Beispiel eine Forschertugend sein, sich oder Teile von sich (Zellen, Embryonen etc.) für nicht-therapeutische Zwecke instrumentalisieren zu lassen? Sind sich die Forscher aufgrund der Dominanz technisch induzierten Handelns in diesem Be-

---

12 Beispielsweise stellt der Begriff in den Augen seiner philosophischen Kritiker eine leere Deklamation dar, die ausschließlich als inhaltlich unbestimmter *conversation stopper* gebraucht werde (vgl. Birnbacher 1996, 107).

reich überhaupt ihrer besonderen Verantwortung für den Inhalt der Petrischale bewusst?

4 Spezieszugehörigkeit, Natürlichkeit und Selbstzweckhaftigkeit – Einige robuste Perspektiven für den umfassenden Embryonenschutz

Von einem genuin philosophischen Standpunkt scheint aus meiner Sicht eine teleologische Begründung der Menschenwürde, die normative Kriterien aus den speziestypischen Eigenschaften des Menschen gewinnt, weiterhin der aussichtsreichste Kandidat für eine menschenwürdegeleitete Begründung eines Schutzstatus vorgeburtlichen menschlichen Lebens zu sein. Denn es ist zunächst – unabhängig von sprachlogischen Problemen der Vagheit – unbestritten, dass die biologische Klassifizierbarkeit vorgeburtlichen menschlichen Lebens nicht in Frage steht. Und damit dies auch weiterhin so bleibt, ist es erforderlich, neue Formen der genetischen Manipulation verstärkt auf ihr speziesveränderndes Potential hin zu prüfen. Diese Prüfung kann indes nur erfolgreich sein, wenn der Menschenwürdebegriff nicht allein als Rechtsprinzip verstanden wird, sondern auch an einen engen und an einen weiten Begriff der Natürlichkeit gekoppelt wird.[13] Menschenwürde in Verbindung mit einem engen Begriff der Natürlichkeit stellt dabei vor allem ein starkes Argument gegen transhumanistische Entwürfe dar, während Menschenwürde vor dem Hintergrund eines weiten Verständnisses von Natürlichkeit insbesondere einen normativen Begründungsrahmen dafür liefern kann, wenn es darum gehen soll, die Zugehörigkeit zu einer Spezies zugleich auch als Zugehörigkeit zu einem der jeweiligen Art inhärentem Schutzprinzip zu bestimmen. Dieses in der jeweiligen Spezieszugehörigkeit verbürgte Schutzprinzip signalisiert nämlich, dass die genetische Veränderung menschlicher in Verband mit nicht-menschlichen Organismen (z.B. im Rahmen der Züchtung transgener Tiere und der Erzeugung von Hirnchimären) einer Selbstinstrumentalisierung der eigenen Gattung und damit auch der eigenen Natur entspricht. Zu dieser Instrumentalisierung der eigenen Spezies, die niemand wollen kann, sind wir als Menschen aber nur bereit, weil wir nicht identisch mit dem sein können, was wir

---

13   Der enge Begriff der Natürlichkeit bezieht sich auf die Untersuchung und Bewertung der direkten und indirekten Folgen und Risiken, die biotechnologische Verfahren der Genom-Editierung auf einzelne Organismen oder ganze Ökosysteme haben können. Ein weiter Begriff der Natürlichkeit schließt darüber hinaus auch speziesrelative oder wertholistische Überlegungen ein, aus denen Normen für ethisches Handeln abgeleitet werden können.

glauben beliebig verändern zu können, nämlich uns selbst. Als Personen sind wir zwar Menschen, aber Personen sind wir nicht, *nur weil* wir Menschen sind.

Eine Darstellung und Begründung unterschiedlicher, in normativer Relevanz voneinander abweichender Formen der Zugehörigkeit – ein Punkt, den der gattungsethische Einwand von Habermas eher vernachlässigt[14]–, kann dabei auf zwei Weisen geschehen:

(1) Die Zugehörigkeit zu einer Art ist selbst ein normatives Kriterium (z.B. das Sein eines Lebewesens als Person), wobei sich Normen hier nicht vollständig aus der biologischen Zugehörigkeit des Menschen zur Spezies *homo sapiens sapiens* ableiten lassen, sondern sich aus dem Umstand ergeben, dass der Mensch von dieser Zugehörigkeit als biologische Minimalbedingung abhängig bleiben muss, um sich als Person transzendieren zu können.[15]

(2) Die Zugehörigkeit zur Spezies Mensch wird anhand von Merkmalen beschrieben, die notwendig sind, damit ein menschliches Individuum ein ordentliches Exemplar seiner Gattung genannt werden kann[16].

Beide hier genannten speziesrelativen Weisen einer ethischen Beurteilung menschlichen Lebens auf Basis eines normativen Verständnisses der Artzugehörigkeit gehen davon aus,[17] dass die biologische Klassifikation und die Selbstzweckhaftigkeit vorgeburtlichen Lebens, sowohl was die menschliche Lebensform als auch die nicht-menschlichen Lebensformen angeht, notwendig zusammenhängen und deren konstitutive Beziehung nicht durch neue Verfahren der Genom-Editierung zum Zwecke der Keimbahntherapie in Frage gestellt werden darf, da ansonsten die Rede über Menschenwürde sich normativ neutralisiere und damit endgültig im Orkus der Geschichte lande.

---

14 Habermas (2001). So wird für Habermas der Mensch erst mit der Geburt zur Person und damit auch (m.E. zu spät) zum Mitglied einer Anerkennungsgemeinschaft.

15 Z.B. bei Spaemann (1998)

16 Z.B. bei Foot (2004), Thompson (2008)

17 Durch die interne Differenzierung der Spezieszugehörigkeit in Spezieszugehörigkeit *qua* Personsein und Spezieszugehörigkeit *qua* biologische Gattungszugehörigkeit verhindert Robert Spaemann eine speziesistische Deutung des Personenbegriffs. Im aktuellen Neoaristotelismus von Philippa Foot und Michael Thompson taucht der Personenbegriff dagegen kaum oder gar nicht auf, was wohl damit zusammenhängt, dass für Foot und Thompson Personen abstrakte Entitäten, Menschen dagegen konkrete Lebewesen sind, was aus Sicht dieser Autoren dazu führen müsse, dass sich beide Momente konzeptionell nur schwer zusammenbringen lassen.

Literaturverzeichnis

Baranzke, H. 2014. Der menschliche Embryo – Naturzweck oder Handlungszweck? Eine Kritik an Totipotenz und Potentialitätsargument in der Embryonenschutzdiskussion. In: Entwicklungsbiologische Totipotenz in Ethik und Recht: Zur normativen Bewertung von totipotenten menschlichen Zellen. T. Heinemann, H.-G. Dederer, T. Cantz (Hrsg.), 165-222. Göttingen: V&R unipress

Birnbacher, D. 1996. Ambiguities in the Concept of Menschenwürde. In: Sanctity of Life and Human Dignity. K. Bayertz (Hrsg.), 107-122. Dordrecht: Springer

Damschen, G./ Schönecker, D. 2002. Der moralische Status menschlicher Embryonen. Pro und contra Spezies-, Kontinuums-, Identitäts- und Potentialitätsargument. Berlin: De Gruyter

Denker, H.-W. 2017. Embryonen, Embryoide, Gastruloide – Ethische Aspekte zur Selbstorganisation und zum Engineering von Stammzellkolonien und Embryonen. In: Der manipulierbare Embryo – Potentialitäts- und Speziesargumente auf dem Prüfstand. M. Rothhaar, M. Hähnel, R. Kipke (Hrsg.), 15-48. Münster: Mentis

Dietrich, F./ Czerner, F. 2013. Menschenwürde und vorgeburtliches Leben. Ein interdisziplinäres Handbuch. In: Menschenwürde und Medizin. Ein interdisziplinäres Handbuch. J. Joerden, E. Hilgendorf, F. Thiele (Hrsg.), 491-524. Berlin: Duncker & Humblot

Düwell, M. 2010. Menschenwürde als Grundlage der Menschenrechte. Zeitschrift für Menschenrechte 4: 64-79

Enders, C. 1997. Die Menschenwürde in der Verfassungsordnung. Zur Dogmatik des Art. 1 GG. Tübingen: Mohr Siebeck

Foot, P. 2004. Die Natur des Guten. Frankfurt: Suhrkamp

Gewirth, A. 1992. Human Dignity as the Basis of Human Rights. In: The Constitution of Rights: Human Dignity and American Values. M. Meyer, W. Parent, W. Ithaca (Hrsg.), 10-28. London: Cornell University Press

Habermas, J. 2001. Die Zukunft der menschlichen Natur. Auf dem Weg zu einer liberalen Eugenik? Frankfurt: Suhrkamp

Hähnel, M. 2017. Die Spezies als menschliche Form – Über die normative Bedeutung generischer Aussagen in der aktuellen Embryonendebatte. In: Der manipulierbare Embryo – Potentialitäts- und Speziesargumente auf dem Prüfstand, M. Rothhaar, M. Hähnel, R. Kipke (Hrsg.), 119-144. Münster: Mentis

Hilgendorf, E. 2013. Einführung in den Teil ‚Menschenwürde und medizinisch-technischer Fortschritt‘. In: Menschenwürde und Medizin. Ein interdisziplinäres Handbuch. J. Joerden, E. Hilgendorf, F. Thiele (Hrsg.),733-740. Berlin: Duncker & Humblot

Joerden, J. 2013. Menschenwürde und Chimären- und Hybridbildung. In: Menschenwürde und Medizin. Ein interdisziplinäres Handbuch. J. Joerden, E. Hilgendorf, F. Thiele (Hrsg.), 1033-1045. Berlin: Duncker & Humblot

Kersten, J. 2004. Das Klonen von Menschen: Eine verfassungs-, europa- und völkerrechtliche Kritik. Tübingen: Mohr Siebeck

Rosenau, H. 2003. Reproduktives und therapeutisches Klonen. In: Strafrecht – Biorecht – Rechtsphilosophie. Festschrift für Hans-Ludwig Schreiber. K. Amelung, W. Beulke, et al. (Hrsg.), 761–781. Heidelberg: C.F. Müller Verlag

Spaemann, R. 1998. Personen: Versuche über den Unterschied zwischen etwas und jemand. Stuttgart: Klett Cotta

Stepanians, M. 2003. Gleiche Würde – Gleiche Rechte. In: Menschenwürde. Annäherungen an einen Begriff. R. Stoecker (Hrsg.), 81-101. Wien: öbv & hpt

Störtkuhl, C./ Rothhaar, M. 2013. Menschenwürde und embryonale Stammzellforschung. In: Menschenwürde und Medizin. Ein interdisziplinäres Handbuch. J. Joerden, E. Hilgendorf, F. Thiele (Hrsg.), 783-798. Berlin: Duncker & Humblot

Stoecker, R. 2003. Menschenwürde und das Paradox der Erniedrigung. In: Menschenwürde. Annäherungen an einen Begriff. R. Stoecker (Hrsg.), 133-151. Wien: öbv

Thompson, M. 2008. Leben und Handeln. Frankfurt: Suhrkamp

Zur Differenz von Würde und Autonomie im Kontext der Biopolitik

Johannes Hattler

Der Begriff der Biopolitik ist maßgeblich von Michel Foucault in die geisteswissenschaftliche Debatte eingeführt worden. Er diente ihm zuerst für die Analyse des Verschiebungsphänomens, das dadurch zum Ausdruck kommt, dass die Macht des Souveräns sich nun darin zeigt, dass dieser nicht nur die Macht hat zu töten, sondern „vielmehr eine genau umgekehrte Macht, leben zu »machen« und »sterben« zu lassen"[1]. Diese Verschiebung der Bedeutung des Lebens im Kontext des Politischen hat für Foucault einen historischen Ort: „[D]ie biologische Modernitätsschwelle' einer Gesellschaft liegt dort, wo es in ihren politischen Strategien um die Existenz der Gattung selber geht."[2] Dies ereignet sich zu Beginn des 18. Jahrhunderts. War bis dahin der Mensch ein Lebewesen, das auch Politik treibt, wird ab dann sein Leben selbst wesentlicher Inhalt der Politik. Die „Existenz der Gattung" stand im Fokus der Macht. Historisch und so folgend auch in Foucaults Analysen tritt an die Stelle der Gattung die Rasse und wird Inhalt der Politik des Lebens.[3] Schließlich fällt für Foucault „Die Geburt der Biopolitik" – so der Titel einer Vorlesung von 1979 –[4] historisch mit Auftauchen des Liberalismus zusammen, ohne dass er jedoch diese These befriedigend ausarbeitet bzw. mit den früheren Analysen systematisch verbindet.

Die Diskussion, die sich im Anschluss an Foucault entwickelt hat, und in der teilweise auch frühere und andere Perspektiven integriert wurden, ist mittlerweile weitverzweigt und hat dem Begriff eine Vielfalt von Aspekten beschert. Im vorliegenden Beitrag bezieht er sich auf die politische Dimension bioethischer Prob-

---

1   Foucault (2004b),
2   Foucault (2004a), 72
3   Zu Details, Problemen der focault'schen Analyse und der folgenden Diskussion siehe: Folkers/Lemke (2014), 7-61
4   Foucault (2014c)

lemkonstellationen, die sich durch die neueren Entwicklungen in Medizin und Forschung ergeben haben. Obgleich eine derartige Perspektive gelegentlich als nicht zutreffende Verwendung kritisiert wird, erscheint sie gerade auf der Grundlage der foucault'schen Anwendungen als äußerst zutreffend. Wenngleich Foucault deskriptiv vorgeht überschneiden sich seine Analysen in Bezug auf die Existenz der Gattung und die historische Verortung im Kontext des Liberalismus mit der normativen Ebene, wenn insbesondere die Herausforderung der liberalen Eugenik, wie Habermas es formulierte, zu einer gattungsethischen Fragestellung führen.[5]

Die gattungsethische Frage stand bereits einmal zur Debatte und führte zu einer maßgeblichen biopolitischen Grundentscheidung. Denn in den Diktaturen des letzten Jahrhunderts, insbesondere unter dem Nationalsozialismus, erreichte diese Verbindung von Macht und Leben einen bis dato unerreichten Höhepunkt. Das Leben wurde zunehmend in den Dienst der Politik gestellt, als Instrument der Macht war seine Optimierung aufgegeben. Und genau von dort her betrachtet war die Menschenwürde in der Allgemeinen Erklärung der Menschenrechte und insbesondere in ihrer Sonderstellung als Prinzip aller Grundrechte im Grundgesetz der Bundesrepublik Deutschland eben gerade als eine absolute Schranke formuliert worden.

Während der Schutz der Menschwürde vorrangig den Bürger vor den Übergriffen des Staates schützen und im Kontext der Eugenik demnach paternalistische bis diktatorische Maßnahmen abwehren sollte, so hat sich die Sachlage durch die medizinischen, pharmazeutischen und technologischen Entwicklung im Rahmen der neuen, liberalen bzw. libertären Eugenik wesentlich verändert. Parallel dazu hat daher mittlerweile, und das ist die spezifische Problemlage der biopolitischen Entwicklung, die im Folgenden beleuchtet werden soll, der Begriff der Menschenwürde eine alternative Konzeption zur Seite gestellt bekommen, die Autonomie.

In gewisser Weise kann die aktuelle biopolitische Debatte selbst als Auseinandersetzung beider Konzepte verstanden werden. Wenngleich beide viele Gemeinsamkeiten aufweisen, inhaltlich und strukturell, sind sie doch in wesentlichen Aspekten auf anthropologischer Ebene unvereinbar. Dies soll im Folgenden skizziert werden.

---

5   Habermas (2005), 34ff

Die Menschenwürde und ihre Stellung als Leitnorm

Das Konzept der Menschenwürde besitzt eine eigentümliche, aber spezifische Absolutheit bei gleichzeitiger Offenheit. Wir würden heute sagen, in einer pluralistischen Gesellschaft erfordert es die weltanschauliche Neutralität des Staates, dass dieser sich gegenüber philosophischen, religiösen oder ethischen Überzeugungen neutral verhält, keine konkreten philosophischen oder theologischen Begründungen heranzieht. Und in diesem Sinne ist die Aussage von Theodor Heuss zu verstehen, der im parlamentarischen Rat von der nicht-interpretierten These sprach: Eine wie auch immer geartete weltanschauliche Begründung der Menschenwürdegarantie ist nicht Sache der Verfassungsväter und -mütter.[6] Auch bei der Allgemeinen Erklärung der Menschenrechte einigte man sich darauf, gerade keine spezifische Tradition zu bevorzugen, weil eine solche nicht universal wäre und andere damit ausschließen würde. Es war allerdings auch nicht erforderlich, weil auch hier – trotz aller Differenzen und allen Problembewusstseins – Konsens darüber bestand, dass menschliche Würde auf eine kulturinvariante, moralisch-rechtliche Grundeinsicht rückführbar ist.[7]

Konkret heißt das aber folgendes: Es gab ursprünglich und auch im folgenden keinen Konsens darüber, wie eine Begründung der Würde nochmals konkret philosophisch oder theologisch verankert werden sollte. Dies stellte aber kein wesentliches Problem dar, weil allen auf Grund der Erfahrungen intuitiv deutlich war, was der Würdeschutz prinzipiell verbot und gebot.[8]

Das ist heute jedoch nicht mehr durchweg der Fall. Die juristischen, philosophischen, gesellschaftlichen Debatten und die richterlichen Entscheidungen hatten für einige sogar die These nahegelegt, die Menschenwürde sei nur eine Leerformel.[9] Zwischenzeitlich, besonders deutlich durch die Debatte um die Sterbehilfe, hat sich eine neue Sichtweise durchgesetzt, die in gewisser Weise die opinio communis darstellt. Diese Sichtweise formuliert in exemplarischer Weise

---

6   Zur Genese und Rekonstruktion des Würdebegriffs des GG siehe exemplarisch Goos (2011). Zur kritischen Analyse der Fortentwicklung der ursprünglichen Überzeugungen siehe exemplarisch Baldus (2016)

7   Vgl. Glendon (1999)

8   In einer wie immer lesenswerten Abhandlung hat Peter Bieri (2017) dies auch für die heutige Zeit nachzuzeichnen versucht und geht dabei explizit davon aus, dass es keinerlei metaphysische Perspektive erfordert (12), um diese kulturinvariante (16) „Lebensform" in ihren verzweigten Bereichen aufzufinden und deren intuitiven Gehalt begrifflich und symbolisch auszubuchstabieren.

9   Vgl. zur Entwicklung: Hattler (2010)

Manfred Baldus in einer aufschlussreichen Monographie.[10] Untersuchungsgegenstand sind die bundesdeutschen Debatten und die europäischen, insofern sie verfassungsrechtliche Bedeutung haben. Auf Grund der historischen Entwicklung lassen sich für Baldus folgende Schlussfolgerungen ziehen:

1. Würde ist nicht mehr wirklich das Höchste, die Leitnorm, das Gewinnerargument im Sinne der Debatte der ersten Jahrzehnte. Denn konträre Lager können sich auf die Menschenwürde berufen und tun es: So etwa in den Diskussionen um Abtreibung und Sterbehilfe jeweils die Befürworter und Gegner.[11]
2. Zusätzlich ist das, worauf sich das Bundesverfassungsgericht bezieht, wenn es über Würde spricht und sie näher bestimmt, so Baldus, die Selbstbestimmung oder Autonomie: „Nur selten hatte das Bundesverfassungsgericht dargelegt, was unter der Würde des Menschen positiv zu verstehen war, und wenn es dies tat, dann setzte es Würde mit Autonomie gleich."[12] Strukturell folgt daraus eine der philosophischen Analyse von Michael Quante sehr ähnliche Verschiebung: Die Vorrangstellung der Würdenorm müsste beibehalten, ihr Inhalt jedoch durch das Konzept der Autonomie präzisiert werden.[13]
3. Anhand der historischen Entwicklung und der Argumente der Debatten wird das Problem schließlich folgendermaßen aufgelöst: Das ursprüngliche Verständnis der Menschenwürde und ihr früherer Interpretationsrahmen, wie sie in den 50er und 60er Jahren ausgefaltet wurden, beruhen auf einem christlichem bzw. naturrechtlichem Verständnis.[14] Und genau dieses ist aufzugeben, um ein widerspruchsfreies Verständnis der Würde zurückzugewinnen. Dieses neue Konzept der Würde ist ein von theologischen und naturrechtlichen Beimischungen befreites Konzept, das inhaltlich mittels juristisch-rationaler Methode zu bestimmen wäre. Baldus sieht die Autonomie offensichtlich als den geeigneten Kandidaten an, aber am Ende auch das Dilemma der wuchernden Deutungsvielfalt und damit die Würde als integrierende Leitnorm in Gefahr.[15]

Hierzu ist abschließend jedoch anzumerken, was Mary Ann Glendon in Bezug auf die Ausarbeitung der Menschenrechtsdeklaration und ihre spätere Entwick-

---

10   Baldus (2017)
11   Baldus (2017), 123ff
12   Baldus (2017), 158
13   Quante (2010)
14   Baldus (2017), 98
15   Baldus (2017), 260ff

lung dargelegt hat: „That value, explicitly set forth in the Declaration, is human dignity. But as time went on, it has become painfully apparent that dignity possesses no more immunity to hijacking than any other concept. [...] The common secular understandings are that human beings have dignity because they are autonomous beings capable of making choices (Kant), or because of the sense of empathy that most human beings feel for other sentient creatures (Rousseau)."[16] Diese Gefahr war den Autoren in Bezug auf die Würde sehr wohl bewusst. Erst die spätere Okkupierung der Würde durch Autonomie oder Empathie hatte sowohl die Verengung als auch die westliche Vereinnahmung des Menschrechtsdenkens und ihres Prinzips der Würde mit sich gebracht. Ironischerweise war die vermeintlich kulturimperialistische Instrumentalisierung der Menschenrechte nicht im Sinne der Verfasser der Deklaration, sondern erst eine spätere Entwicklung im Rahmen der Interpretation des Würdegedankens.

Autonomie

Autonomie bzw. Selbstbestimmung ist ein Begriff, der mittlerweile in unzähligen Bereichen grundlegende Bedeutung erlangt hat. Man muss jedoch der Aussage von Charles Larmore zustimmen, der seinen Artikel „Was Autonomie sein und nicht sein kann" mit folgenden Worten beginnt: „Autonomie ist ein philosophischer Ausdruck, der sich in aller Munde befindet und der fast immer in der Erwartung verwendet wird, dass alle der Meinung sind, sein Gegenstand sei eine gute Sache. Das ist m.E. entweder ein Zeichen dafür, dass man nicht genau weiß, was man meint, oder dass verschiedene Leute darunter unterschiedliche Dinge verstehen."[17]

In der gegenwärtigen Debatte gibt es daher auch eine Vielzahl verschiedener Theorien der Autonomie. Im Bereich der Philosophie dürfte Harry Frankfurts von Hume inspirierte Theorie personaler Autonomie besonders einflussreich sein. Eine dominante Theorie ist damit jedoch nicht gegeben. Maßgeblicher bleibt Kants Grundlegung, von der sich daher auch Frankfurt explizit abgrenzt.[18]

---

16   Glendon (1999), 12. Autonomie wird hier im Sinne der Wahl- bzw. Willkürfreiheit verstanden.

17   Larmore (2013) 279

18   Frankfurt lehnt Kants reinen Willen ab und stellt ihm einen immer schon individuierten entgegen. Für eine kritische Analyse von Frankfurts Autonomieverständnis siehe Betzler (2001). Im Weiteren hat Frankfurt den individuellen Willen in dem zu verorten versucht, was uns am Herzen liegt und was wir lieben. Siehe hierzu: Hattler (2018)

Deshalb lohnt ein Blick zurück, um insbesondere die Verbindung und Ver-
schränkung von Würde und Autonomie, die von Kant ebenfalls vorgeprägt wurde, richtig einzuordnen.[19]

Die Grundlegung des modernen Autonomiebegriffs bei Kant

Vor Kant hatte der Begriff der Autonomie eine politische Bedeutung – die Fähigkeit einer Gemeinschaft, nach eigenen Gesetzen zu leben – sowie eine juristische Bedeutung – die Befugnis, selbstgesetzgebend innerhalb einer übergreifen-
den Rechtsordnung vorzugehen. Heutzutage bezeichnen wir oft als Autonomie
im individuellen Bereich die Fähigkeit, ohne die Leitung eines anderen zu denken oder ohne Rücksicht auf Lohn und Strafe das Richtige zu tun. Selbstdenken
und Selbstführung sind aber nicht das, was Kant im Folgenden unter „Autonomie" versteht. Denn Autonomie ist für Kant Selbstgesetzgebung, welche die
Gültigkeit und Verbindlichkeit der Prinzipien unseres Denkens und Handelns
erst selbst stiftet. Das ist bekanntermaßen der Kern der kantischen Philosophie,
der praktischen, aber in Verbindung damit auch der theoretischen.

In seinem berühmten Aufsatz von 1784: „Beantwortung der Frage: Was ist
Aufklärung?" kommt der Terminus „Autonomie" weder vor, noch ist er der
Sache nach in dem Sinne vorhanden, wie er von ihm später – und im hier maßgeblichen Sinne – verwendet wird. Im Aufklärungsaufsatz ist allerdings sehr
wohl die Rede von Selbstdenken und Selbstführung. Beides legitime Weisen,
wie wir normalerweise Autonomie verstehen: ohne andere Autorität als die des
eigenen Urteils unsere Entscheidungen zu treffen und unser Leben an den persönlich gewählten Zielen auszurichten.

Den Begriff der Autonomie führt Kant ein Jahr später, 1785, in der „Grundlegung der Metaphysik der Sitten" ein. Er findet sich dort beispielsweise in fol-
gender Formulierung, die ihn aufs engste mit der Würde in Beziehung setzt:
„Autonomie ist also der Grund der Würde der menschlichen und jeder vernünftigen Natur."[20] Autonomie in diesem Zusammenhang ist grundlegender als bloßes
Selbstdenken und Selbstführung, wie sie noch der Sache nach im Aufklärungsaufsatz herausgestellt wurden. Autonomie ist für Kant die Selbstgesetzgebung

---

19   Die folgende Kurzdarstellung stützt sich wesentlich auf die Ausführungen Larmores im bereits
      zitierten Aufsatz und anderen Stellen seines Oeuvres.
20   GMS, AA, IV 436

des Willens: „Der Wille wird also nicht lediglich dem Gesetze unterworfen, sondern so unterworfen, daß er auch als selbstgesetzgebend und eben um deswillen allererst dem Gesetze (davon er selbst sich als Urheber betrachten kann) unterworfen angesehen werden muß."[21] In einer Formulierung der Universalisierungsformel des kategorischen Imperativs lautet die Bestimmung folgendermaßen: „Autonomie, d. i. die Tauglichkeit der Maxime eines jeden guten Willens, sich selbst zum allgemeinen Gesetze zu machen, ist selbst das alleinige Gesetz, das sich der Wille eines jeden vernünftigen Wesens selbst auferlegt."[22]

Die bekannte Selbstzweckformel, nach der jedes vernünftige Wesen „sich selbst und alle andere niemals bloß als Mittel, sondern jederzeit zugleich als Zweck an sich selbst behandeln solle"[23], hat im Rahmen der Interpretation der Würdenorm eine hervorgehobene Stellung. Aber die Forderung, dass die autonome Vernunft sich selbst ihre Gesetze vorgibt bzw. setzt und dass wir andere nicht als Objekte behandeln dürfen, weil jede Person Zweck an sich selbst ist, stehen nicht in strenger Abhängigkeit zueinander. Die grundlegende Schwierigkeit, auf die vielfach hingewiesen wurde: Die Gültigkeit von Normen und Prinzipien kann nicht erfunden, sondern nur gefunden werden. Autonomie als Selbstgesetzgebung in derart radikaler Variante verkennen, dass wir Gesetze anerkennen, weil Gründe dafür sprechen. Es ist nicht die Selbstgesetzgebung der Vernunft oder des Willens, sondern die Überzeugungskraft der Gründe, die uns veranlassen, moralische oder juristische Normen anzuerkennen.[24]

Bekanntlich hängt Kants praktische Philosophie eng mit seiner Entgegensetzung von Pflicht und Neigung zusammen. Philosophie und Religion kennen seit alters her den Gegensatz zwischen demjenigen, der Sklave seiner Leidenschaften und dem, der Herr seiner selbst ist. Die Sinnlichkeit kann für Kant nur fremdbestimmend sein. Noch grundsätzlicher kann es für Kant kein dem Willen vorgegebenes Gutes geben. Nur wenn der autonome Wille sich selbst das moralische Gesetz gibt, ist er nicht heteronom bestimmt.[25] Das bedeutet, dass für Kant nicht nur die Sinnlichkeit, sondern jegliche externe Gründe Heteronomie zur Folge hätten.

---

21   GMS, AA, IV, 431

22   GMS, AA, IV, 444

23   GMS, AA, IV, 433

24   Vgl. dazu auch: Larmore (2012), 22ff; Dagegen verteidigt Larmore eine aristotelische Auffassung der Vernunft als rezeptives Vermögen (34): „Die Vernunft ist das Vermögen des Schließens, welches darin besteht, sich nach Gründen zu richten."

25   Vgl. GMS, AA IV, 441; KpV, AA V62f

Ein weiteres Fundament für Kants Auffassung finden wir im naturalistischen Weltbild, das für ihn maßgeblich durch die newtonsche Physik bestimmend wurde und seinen Dualismus stark beeinflusst hat. Die Welt ist normativ stumm und Sinnlichkeit, Leiblichkeit, Materialität sind in Bezug auf unsere Freiheit, Moralität immer nur Opponenten bzw. liefern keine moralisch relevanten Gründe für unser Handeln. Und diese Überzeugung hat auch heute noch relativ viel Überzeugungskraft: Es gibt in der Welt nichts, was unser moralisches Handeln und Urteilen (mit)bestimmen könnte. Normen haben keine objektive Quelle, sondern sind ausschließlich subjektiven oder intersubjektiven Ursprungs. Womit wir festhalten können: Autonomie im Sinne Kants ist etwas anderes, als das, was wir landläufig darunter verstehen. Sie ist nicht Selbstführung oder Selbstdenken bzw. umfassender: Selbstbestimmung. Sie ist konstruktivistische Selbstgesetzgebung in Opposition zu externen Gründen.

Der Autonomiebegriff bei Rawls und Habermas

Die beiden einflussreichsten politischen Philosophen des letzten Jahrhunderts – Rawls und Habermas – beziehen sich ganz explizit auf Kants Konstruktivismus und in unterschiedlicher Weise auf sein Autonomie-Konzept. Bei John Rawls ist nicht nur wesentlich das Gedankenexperiment des Urzustands der kantischen Idee der Unparteilichkeit bzw. Reinheit der praktischen Vernunft mit Hilfe des Schleier des Nichtwissens geschuldet, er erwähnt seine Anlehnung an Kant mehrfach und sein konkretes Verständnis des „kantischen Konstruktivisumus" ausführlich in seinen Vorlesungen zur Geschichte der Moralphilosophie.[26] Im Unterschied zu Kant versteht Rawls seinen Konstruktivismus, entsprechend seines Ansatzes, jedoch nicht als moralischen, sondern als politischen.[27] Poltische Normen unterscheiden sich zwar von moralischen, insbesondere in liberalen Demokratien, dadurch, dass politische bzw. rechtliche Normen zwangsbewehrt sind. Dies erfordert, dass sie vernünftigerweise von allen Bürgern des Gemein-

---

26   Rawls (2004) 201-421. Zu seiner Interpretation des moralischen Konstruktivismus siehe insbesondere 312-327. Seine Ausführungen über Kants Philosophie in dieser Vorlesungsreihe eröffnen eine der besten Zugänge zum Verständnis der anthropologischen Grundüberzeugungen der Philosophie Rawls.

27   Vgl. Rawls (2003), 167-189. Rawls eigene Präzisierung seiner Theorie als politischer und nicht metaphysischer ist grundsätzlich fraglich, sie ist allerdings unabhängig davon eine kantische, vgl. auch: Taylor (1986), 102

wesens anerkannt werden können. Allerdings wird dies nur dadurch erreicht, dass die Adressaten des Rechts auch ihre Autoren sind, in dem Sinne, dass sie die Gesetze unter expliziter Abwesenheit vorgegebener Gründe konstruieren.

Rawls und Jürgen Habermas sind sich hinsichtlich der Konstruktion der politischen Ordnung im Wesentlichen einig. Der bekannte Familienstreit[28] der beiden Denker schließt gewisse Differenzen ein, auch hinsichtlich der Auffassung der Autonomie im Kontext der jeweiligen Systeme, aber eben auch die Übereinstimmung im Wesentlichen.[29] Die liberalen westlichen Demokratien, wie sie sich spätestens nach dem 2. Weltkrieg und auf der Grundlage der Menschenrechte entwickelt haben, sind der zentrale Gegenstand ihrer Untersuchungen und gedanklichen Bemühungen um Weiterentwicklung.[30] Hier hat auch Habermas Rede von der „Gleichursprünglichkeit von Demokratie und Menschenrechten"[31] ihren spezifischen Platz. Und es dürfte nicht verwundern, dass wir Kants Autonomiebegriff ergänzt um die hegelsche Vermittlungsleistung der Vernunft als öffentlicher Autonomie im Kontext der Selbstgesetzgebung eines Gemeinwesens wiederfinden. Wenngleich Habermas' Betonung der öffentlichen Vernunft Kants Ansatz erweitert, so transportiert er den oben genannten Konstruktivismus in die Rechtssetzungspraxis als öffentliche, kollektive Autonomie. Konkret bedeutet die Gleichursprünglichkeit von Demokratie und Menschenrechten nun, dass die Anerkennungspraxis in nachmetaphysischer Manier explizit ablehnt, dass irgendwelche vorpositiven Voraussetzungen anzuerkennen wären. Sie sind gerade ausgeschlossen, weil individuelle Rechte erst durch die Setzung der demokratischen Gemeinschaft existieren. Das bedeutet, dass Würde erst dem Bürger zukommt, nicht dem Menschen. Entsprechend daher auch erst dem realen Diskursteilnehmer und nicht dem potentiellen.

---

28 Zum sog. "Familienstreit" aus Sicht habermas'scher Tradition siehe: Forst (2007), 127-186. Ergänzend zur originalen und überaus lesenswerten Diskussion zwischen Rawls und Habermas bietet Forst selbst eine bestätigende kantische Fundierung in Fortführung des habermas'schen Denkens.

29 Vgl. Larmore (2008), 153ff

30 Zu Rawls Theorie der Gerechtigkeit und seiner Fortentwicklung im Politischen Liberalismus unter mehrfacher Berücksichtigung der Bezugnahme auf Kant siehe Höffe (2015).

31 Habermas (1992), 135, 155, 161. Wesentliches Ziel des Werkes „Faktizität und Geltung" ist die Begründung dieser Gleichursprünglichkeit bzw. der Versöhnung der Faktizität der Menschenrechte mit ihrer Geltung im demokratischen Rechtssystem. Die hier angerissene Auffassung von Autonomie bei Habermas deckt sich mit der ausführlicheren Darstellung bei Nusser (2015) und ebenso mit derjenigen, um die Verwandtschaft zu Rawls erweiterten bei Larmore (2008), 139-197.

Für Rawls und Habermas bleibt der Ansatz Kants maßgeblich. Sie teilen dieselbe Grundidee: Das Ideal der Reinheit der praktischen Vernunft.[32] Rawls konzipiert analog zu Kants kategorischem Imperativ den Urzustand mittels des Schleiers des Nichtwissens. Habermas etabliert unter Zuhilfenahme der hegelschen objektiven Vernunft die intersubjektive, kommunikative Vernunft, die de facto denselben Kriterien folgt, wie Rawls Übersetzung des Kantischen Ideals, indem die Bedingungen des idealen Diskurses die Reinheit des Verfahrens garantieren sollen.

Ungeachtet der Differenzen ist das Ideal der Reinheit der praktischen Vernunft immer mit einer Ablehnung von der Vernunft vorausliegenden Quellen der Normativität verbunden. Moral kann für alle drei Denker nur auf Grundlage der Konstruktion der praktischen Vernunft bzw. des reinen Willens möglich sein. Diese Reinheit ist jedoch nur eine notwendige, aber keine hinreichende Bedingung. Vernunft ist wesentlich rezeptiv und nicht eine konstruktivistische, die Normen setzt, statt die der Vernunft vorausliegenden anzuerkennen.[33]

Autonomie im Zeitalter der neuen Genetik

Die Herausforderungen der liberalen Eugenik haben jedoch auch bei Habermas ein Unbehagen ausgelöst, das ihn veranlasste, seine Position grundsätzlicher zu fundieren – und wie manche meinen, seine nachmetaphysische Position zumindest zu relativeren. Allerdings hat Habermas bei seinem Versuch, gegen die Gefahren der liberalen Eugenik argumentativ vorzugehen, darauf beharrt, dass der Begriff der kantischen Autonomie hierfür ausreichend tragfähig wäre.[34] Der moralische bzw. kollektive Begriff der Autonomie mit seiner Orientierung an den Interessen aller Betroffenen ist für Habermas dasjenige Korrektiv, das es erlaubt, den Risiken des freien Marktes und der individuellen Präferenzen Ein-

---

32 In der Vorrede zur GMS (AA VI, 391) hatte Kant noch von einer Kritik der *reinen* praktischen Vernunft gesprochen. Während sich allerdings die reine theoretische Vernunft in Widersprüche verstrickt, ist die praktische Vernunft als reine nicht der Kritik bedürftig, im Gegenteil: Der von Sinnlichkeit und Heteronomie befreiten Vernunft kann Kant in der Kritik der praktischen Vernunft den kategorischen Imperativ als Grundgesetz der reinen praktischen Vernunft (AA, V 30) zuweisen.

33 Zur Debatte zwischen kantischen und neo-aristotelischen Positionen in der praktischen Philosophie siehe auch: Rothhaar / Hähnel (2015).

34 Habermas (2005), 127-163 (Postskriptum zur Jahreswende 2001/2002)

halt zu gebieten, ohne die Privatautonomie der Bürger autoritär zu beschneiden. Auf dieser Grundlage kann gegen die Fremdbestimmung mittels Einflussnahme auf die natürliche und mentale Verfassung zukünftiger Personen argumentiert werden.[35]

Eine im Zusammenhang hilfreiche Auseinandersetzung mit dieser Position hat Michael Sandel vorgelegt. Er kritisiert in seinem „Plädoyer gegen die Perfektion" ebenso wie Habermas die neue, liberale Eugenik, die von ihren Befürwortern auf Grund des Umstands als gerechtfertigt oder erstrebenswert gilt, dass sie dem einzelnen Bürger bzw. Konsumenten und dem freien Markt die Entscheidung überlässt, anstatt dass der Staat in ihre Autonomie eingreift.[36] Jedoch hält er die Konzepte des Liberalismus – Autonomie, Fairness, individuelle Rechte – für unzureichend, denn „[e]ine Ethik der Autonomie und der Gleichheit kann nicht erklären, was mit der Eugenik nicht stimmt"[37]. Für Sandel reichen diese Konzepte des Liberalismus nicht aus, um den propositionalen Gehalt unseres Gefühls des Unbehagens auszubuchstabieren, das wir bei den bereits realen und zukünftigen Möglichkeiten liberaler Eugenik haben. Die Stoßrichtung seiner Kritik richtet sich gegen das Konzept der Autonomie selbst, lässt sich allerdings auch im Sinne einer Relativierung der Selbstgesetzgebungskomponente im kantischen Sinne verstehen, wie sie von der liberalen politischen Philosophie übernommen und weiterentwickelt wurde. In seinen Ausführungen legt Sandel dar, dass die Autonomie kein Argument gegen Optimierungen darstellen kann, wenn es um Fälle geht, in denen keine Instrumentalisierung oder Fremdbestimmung vorliegt. Dies ist der Fall, wenn die informierte Zustimmung gegeben ist, wie bei eugenischer Manipulation an erwachsenen bzw. zustimmungsfähigen Personen. Aber hier haben wir ebenfalls ein tiefes Unbehagen, weil wir das Überschreiten einer Grenze wahrnehmen, das in Zukunft noch extremere Maße annehmen kann. – Dieses Argument Sandels wird von Habermas in seinem Vorwort zur deutschen Ausgabe auch anerkannt.[38]

Seine zweite Kritik am Konzept der Autonomie zur Abwendung der Gefahren der Eugenik des freien Marktes reicht tiefer und bezieht sich auf den Kontext jeglicher Einflussnahme der Eltern auf die Genstruktur ihres Nachwuchses –

---

35   Habermas (2005), 133

36   Sandel (2008), 96ff. Neben den im Folgenden erwähnten interessanten Argumenten liefert Sandel auch mindestens zwei eigenartige, dazu inkonsistente. Eine ausführliche Kritik hierzu: George/Tollefsen (2008), acorn-oak tree analogy: 176-84; rescue choice analogy: 138-42

37   Sandel (2008), 101

38   Sandel (2008), 11

somit auf Habermas spezifisches Kernargument: Die Einflussnahme führt dazu, dass sich derart programmierte Personen nicht mehr als ungeteilte Autoren ihrer Lebensgeschichte verstehen können und im Verhältnis zur vorangegangenen Generation nicht mehr uneingeschränkt als gleichwertige Personen. Selbstverständlich verändern eugenische Eingriffe das Verhältnis der Eltern zum Kind und damit unsere soziale Praxis radikal, insofern das Kind nicht mehr als Gabe, sondern zum Teil als Produkt verstanden wird. Hier haben wir es tatsächlich mit einer Fremdbestimmung zu tun.

Die Gefahr der Veränderung unserer gesamten sozialen Praxis, die durch Optimierung und Beherrschung droht, sieht Sandel als wesentlichstes Problem an. An den „drei Schlüsselelementen unserer moralischen Landschaft"[39], Demut, Verantwortung und Solidarität zeigt er eindrucksvoll auf, wie unser moralisches Selbstverständnis sich auflösen würde. Wenn Kinder Produkt der elterlichen Einflussnahme und Wahl sind, verlieren die nächsten Generationen die demütige Haltung gegenüber den Zufälligkeiten natürlicher Begabungen. Diese zu haben oder nicht zu haben, ist dann nichts mehr, was wir dankbar annehmen oder neidlos anderen zubilligen würden. Als Folge dieses Verlusts wird die Verantwortung für unsere Talente ins Maßlose gesteigert und damit zugleich die Voraussetzung für Solidarität mit anderen wesentlich untergraben.[40]

Sandel macht jedoch noch auf einen weiteren Punkt aufmerksam: Ein Kind, das durch Klonen oder Genoptimierung entsteht, ist dadurch nicht kategorial anders fremdbestimmt als ein natürlich gezeugtes. Sicher wird ein solches Kind auf eine spezifische Art fremdbestimmt und instrumentalisiert. Aber damit wird nicht derart in seine Autonomie eingegriffen, wie etwa Habermas und andere Vertreter dieser Position annehmen. Heteronomie und Autonomie liegen hier auf verschiedenen Ebenen. Sandel kann dies in den Blick nehmen und darauf hinweisen, dass die vermeintliche Vorrangstellung der Autonomie eben nicht bedeutet, dass ein natürlich gezeugtes Kind völlig unbestimmt wäre in genetischer und folglich charakterlicher Hinsicht. „Die Alternative zu einem geklonten oder genetisch optimierten Kind ist nicht eines, dessen Zukunft voraussetzungslos und nicht an bestimmte Talente gebunden ist, sondern ein Kind, das auf Gedeih und Verderb der genetischen Lotterie ausgeliefert ist."[41] Die Unverfügbarkeit der Person – und das ist der Kern von Sandels Argumentation – lässt sich nicht aus

---

39   Sandel (2008), 107
40   Sandel (2008), 105ff
41   Sandel (2008), 29

seiner Autonomie alleine herleiten. Wir müssen unser Unbehagen angesichts der gentechnischen Möglichkeiten, aber auch der Liberalisierung der Sterbehilfe begrifflich auf eine andere Basis zurückführen.

Im Anschluss an Überlegungen, die Habermas schon vorgebracht hat, die Sandel jedoch vertieft, spricht letzterer von der „giftedness" menschlichen Lebens und Personseins. Sandel spielt hierbei mit der Doppelbedeutung von giftedness: Einerseits den Begabungen, die wir dankbar annehmen und andererseits den Gegebenheiten, die wir als unvermeidlich hinnehmen. Habermas hatte zur Wahrung der Intimität menschlichen Personseins als letzten Anker die Unverfügbarkeit eines natürlichen Anfangs ausgemacht,[42] der als komplementäre Komponente erst menschliche Freiheit ermöglichen und garantieren kann. Diese natürliche Unverfügbarkeit der natürlichen und mentalen Gegebenheiten und Gaben fasst Sandel als giftedness. Will man sinnvoll über Autonomie der Person oder die Autorität über das eigene Leben sprechen, dann immer nur in Verbindung mit dieser, der Freiheit komplementär mit- und vorgegebenen Basis.

Autonomie reicht nicht hin, um zu erfassen, was Menschsein, Personsein ausmacht. Es gibt Aspekte, die wir nicht in der Hand haben, die aber ganz wesentlich zu uns gehören. Menschliche Würde hat das im Blick und reicht daher auch weiter als Autonomie. In deutlichen Worten schließt Sandel daher sein Plädoyer: „Man kann die genetische Zurichtung auch sehen als den stärksten Ausdruck unserer Hartnäckigkeit, uns als Lenker der Welt, als die Beherrscher der Natur, zu betrachten. Aber die Vision der Freiheit ist brüchig. Sie droht, unsere Wertschätzung des Lebens als Gabe zu verdrängen und uns nichts anzuerkennen und beachten zu lassen als unseren eigenen Willen."[43]

Die transhumanistische Idee der Macht über die menschliche Natur

Sandels Plädoyer erinnert in verschiedener Hinsicht an C.S. Lewis „Die Abschaffung des Menschen"[44]. Wie Lewis betont auch Sandel, dass seine Überlegungen nicht notwendigerweise einen theologischen Hintergrund benötigen –

---

42 Habermas (2005), 101ff

43 Sandel (2008), 120. Habermas verweist im Zusammenhang auf Hannah Arendts Begriff der Natalität.

44 Lewis (2001)

wenngleich dieser sicher vieles unmittelbarer erschließt – sondern dass diese Einsicht kulturinvariant gültig und vernünftigerweise einsichtig ist. Ian Hacking hat in einem mehrfach publizierten Beitrag mit dem bewusst selben Titel – „The Abolition of Man"[45] – die verschiedenen Analysen zu diesem Themenkomplex untersucht und kommt zum Ergebnis, dass neben Habermas und Fukuyama und weiteren Dystopien und Jeremiaden, die sich mit den erwähnten Herausforderungen und Gefährdungen befassen, Lewis Analyse insgesamt am überzeugendsten ist. Lewis 120 Sätze aus den unterschiedlichsten Kulturen der Welt, die er als Tao bezeichnet, bringen die moralischen Grundregeln der menschlichen Natur zum Ausdruck und stehen gerade durch die alte und neue Eugenik auf dem Spiel. Obgleich Lewis seine Vorlesungen im Jahr 1942 gehalten hat, hat er nach Hackings Darlegung am Beispiel der Empfängnisverhütung bereits grundlegende Überlegungen zur liberalen Eugenik in einer Frühform angestellt: „[...] alle Machtausübung auf lange Sicht, besonders im Hinblick auf den Nachwuchs, ist notgedrungen Macht der früheren Generationen über die späteren."[46] Zusammen mit seinem Katalog moralischer Grundüberzeugungen bietet er damit für Hacking eine besonders starke Rhetorik: „This is because he couples the power to change our descendants with a loss of moral sensitivity to the point that human nature itself is abolished."[47] Ähnlich wie Sandel – und auch wie Habermas[48] – sieht Lewis die Gefahr, dass diese Praktiken unsere soziale Praxis insgesamt verändern. Im Unterschied zu Sandel allerdings versucht er zu zeigen, dass die Motivation des Optimierens und Beherrschens bereits einen Standpunkt außerhalb der natürlichen Moral voraussetzt. Die natürliche Moral bzw. das Tao besitzt gerade keine Geltung mehr, weil die Beherrschung der Natur impliziert, dass es keine natürlich Moral gibt.[49] Wie Sandel sieht Lewis die Beherrschung

---

45   Hacking (2009)

46   Lewis (2001), 59

47   Hacking (2009), 15

48   In Habermas (2005), 127-163 (Postskriptum zur Jahreswende 2001/2002) liefert dieser mehrere Argumente und Ergänzungen seiner Überlegung zur Gattungsethik, die mit denen von Lewis Verwandtschaft aufweisen und argumentativ stärker sind. Die größere Überzeugungskraft von Lewis Text für Hacking beruht daher auf der oben zitierten Verbindung mit der natürlichen Moral des Tao.

49   Wie immer man konkret zur Forderung einer radikal neuen Naturwissenschaft bzw. Naturphilosophie bei Lewis steht, der von Lewis (78) als Herold bzw. „trumpeter" und von Hacking (12) als „Prophet" bezeichnete Francis Bacon hatte betont, dass wir Mutter Natur nach unserem Willen zwingen. Hierzu schreibt Habermas (2005), 152: Gegen eine eugenische Selbstinstru-

und Optimierung bereits in der Erziehung am Werk. Und hier wird daher auch ein konstruiertes Tao implementiert.[50]

In seinen Überlegungen zur Abschaffung des Menschen führt Hacking noch einen weiteren Gedanken an und mit den früheren zusammen, der bei den genannten Autoren implizit oder explizit Erwähnung findet. Es ist vor allem Fukuyama, der gemäß Hacking durch die besondere Einbeziehung der Gedanken von Aldous Huxleys „Brave New World" deutlich macht, inwiefern die neue Eugenik mit den Ideen des Posthumanismus konvergiert. Lewis, darauf weist auch Hacking hin, hat den Begriff des Posthumanismus ebenfalls schon früher verwendet und als zugrundeliegende Idee bezeichnet. Hacking sieht diesen Posthumanismus oder Transhumanismus[51] seinerseits als eindeutig neo-cartesisch.[52] Die Charakterisierung als neo-cartesisch lässt sich analog zum oben dargestellten Dualismus von Autonomie einerseits und normativer stummer Welt andererseits verstehen. Gegenüber einer konstruktivistisch verstandenen Autonomie als Quelle der Normen haben Habermas, Sandel und Lewis die notwendige Verbindung von Freiheit und natürlicher Unverfügbarkeit auf verschiedene Weise dargelegt. Wenn diese Unverfügbarkeit oder giftedness unseres Daseins nicht anerkannt wird, dann führt dies zur Abschaffung des Menschen. Lewis hatte dies anhand des Tao derart darzulegen versucht, dass eben unser Anspruch die Natur zu beherrschen, unsere eigene Natur abschafft bzw. neu definiert. Sandel hatte anhand von drei Schlüsselelementen unserer Moral darzulegen versucht, wie die liberale Eugenik diese aufheben und unsere soziale Praxis vollständig umwerten würde.

Abschließend lassen sich die verschiedenen Argumentationen wie folgt zusammenfassen: Unser Unbehagen, das wir bei der neuen Eugenik und der Euthanasie empfinden, lässt sich nicht mit neo-cartesischen oder kantianischen Argumenten aus der Welt schaffen, es beruht vielmehr auf einer (neo)-aristotelischen Einsicht: Personen sind wir immer nur als diese ganz konkreten, individuiert durch diese kontingente Leiblichkeit. Dies abzukoppeln und im Namen einer falsch verstanden Autonomie, die Leiblichkeit nach den Vorstellungen eines „autonomen" Subjekts zu konstruieren, unter der Voraussetzung, dass Materie,

---

     mentalisierung der Gattung, die die moralischen Spielregeln ändert, können Argumente, die dem moralischen Sprachspiel selbst entnommen sind, nicht greifen."

50   Lewis (2001), 63f

51   Hacking (2009), 19 weist noch auf die „fraternal irony" hin, dass Aldous Huxleys Bruder Julian den Begriff des Transhumanismus und das Konzept als optimistische Fantasie geprägt hat.

52   Siehe dazu auch: Hacking (2007)

Welt und Leiblichkeit normativ stumm wären, hieße den Menschen neu zu definieren, weil mit der naturalen, auch die mentale Basis unser Moral untergraben wird.

Larmores Kritik am kantischen Konzept der Autonomie, aber auch seine kritischen Einwände gegen Rawls und Habermas sind in einer neo-aristotelischen Position verankert. Von dort her erscheint es ihm möglich und letztlich notwendig, einen Liberalismus zu vertreten, ohne auf eine Metaphysik und auf die Idee des Naturrechts zu verzichten.[53] Auch Sandels Position ist als neo-aristotelische zu verstehen.[54] Mit Lewis und im weiteren auch wohl mit Larmore ist er sich einig, dass eine vorgegebene moralische Ordnung anerkannt werden muss, die wir gerade nicht selbst konstruieren können, weil sie die Grundlage – auch jeder Konstruktion – darstellt. Demgegenüber ist es die Überzeugung von Rawls und Habermas, dass das Faktum des Pluralismus für den Liberalismus notwendig den Verzicht auf umfassende Lehren bzw. metaphysische Theorien erfordert, weil diese weltanschaulich wären. Deshalb sind ihre eigenen Theorien explizit nicht metaphysisch bzw. nachmetaphysisch. Der Preis allerdings ist zu hoch, wie zu zeigen versucht wurde. Mit der Autonomie als Prinzip der Konstruktion der Normen alleine lässt sich die menschliche Natur nicht gegen die Gefahren der liberalen Eugenik verteidigen. Ebensowenig gegen transhumanistische Interessen. Lewis formulierte es folgendermaßen: „Die *menschliche* Natur wird das letzte Stück Natur sein, das vor dem Menschen kapituliert."[55]

Literaturverzeichnis

Baldus, M. 2016. Kämpfe um die Menschenwürde. Die Debatten seit 1949. Berlin: Suhrkamp

Betzler, M. 2001. Bedingungen personaler Autonomie. In: Freiheit und Selbstbestimmung, M. Betzler, B. Guckes (Hrsg.), 17-46. Berlin: Akademie Verlag

Bieri, P. 2017. Eine Art zu leben. Über die Vielfalt menschlicher Würde. 4. Aufl., Frankfurt: Fischer Taschenbuch

Forst, R. 2007. Recht auf Rechtfertigung. Elemente einer konstruktivistischen Theorie der Gerechtigkeit, Frankfurt: Suhrkamp

Foucault, M. 2014a. Recht über Leben und Macht zum Leben. In: Biopolitik. Ein Reader. A. Folkers, T. Lemke (Hrsg.), 65-87. Berlin: Suhrkamp

---

53   Larmore (2008), 85
54   So klassifiziert sie auch Habermas in seiner Vorrede zu: Sandel (2007), 9.
55   Lewis (2015), 62

Foucault, M. 2014b. In Verteidigung der Gesellschaft. In: Biopolitik. Ein Reader. A. Folkers, T. Lemke (Hrsg.), 88-114. Berlin: Suhrkamp

Foucault, M. 2014c. Die Geburt der Biopolitik. In: Biopolitik. Ein Reader. A. Folkers, T. Lemke (Hrsg.), 115-123. Berlin: Suhrkamp

George, R.P., Tollefsen, C. 2008. Embryo. A Defense of Human Life. New York: Doubleday

Glendon, M.A. 1999. Foundations of Human Rights: The Unfinished Business. In: American Journal of Jurisprudence, 44 /1: 1-16

Goos, C. 2011. Innere Freiheit. Eine Rekonstruktion des grundgesetzlichen Würdebegriffs. Bonn: Bonn University Press.

Habermas, J. 1992. Faktizität und Geltung: Beiträge zur Diskurstheorie des Rechts. Frankfurt am Main: Suhrkamp

Habermas, J. 2005. Die Zukunft der menschlichen Natur. Auf dem Weg zu einer liberalen Eugenik? 5. Aufl., Frankfurt: Suhrkamp

Hacking, I. 2009. The Abolition of Man. In: Behemoth. A Journal on Civilisation (3): 5–23

Hacking, I. 2007. Our Neo-Cartesian Bodies in Parts. In: Critical Inquiry 34(1): 78–105.

Hattler, J. 2010. Menschenwürde und Menschennatur. In: Der Appell des Humanen. Zum Streit um Naturrecht, H. Thomas, J. Hattler (Hrsg.), 13-36. Heusenstamm: ontos

Hattler, J. 2018. Liebe und praktische Philosophie bei Harry Frankfurt. In: Liebe – eine Tugend? Das Dilemma der modernen Ethik und der verdrängte Status der Liebe. W. Rohr (Hrsg.), 237-263. Wiesbaden: Springer VS

Höffe, O. 2015. Einführung. In: John Rawls: Politischer Liberalismus. O. Höffe (Hrsg.), 1-27. Berlin/München/Boston: De Gruyter

Kant, I. 1968a. Beantwortung der Frage: Was ist Aufklärung (1784). In: Kants Werke. Akademie-Textausgabe. Bd. VIII. Preußische Akademie der Wissenschaften (Hrsg.). Berlin/New York, 33-42. (abgek. AA mit römischer Seitenzahl)

Kant, I. 1968b. Grundlegung der Metaphysik der Sitten (1785). In: Kants Werke. Akademie-Textausgabe. Bd. IV. Preußische Akademie der Wissenschaften (Hrsg.). Berlin/New York, 385-463. (abgek. AA mit römischer Seitenzahl)

Kant, I. 1968c. Kritik der praktischen Vernunft (1788). In: Kants Werke. Akademie-Textausgabe. Bd. V. Preußische Akademie der Wissenschaften (Hrsg.). Berlin/New York, 1-163. (abgek. AA mit römischer Seitenzahl)

Larmore, C. 2008. The Autonomy of Morality. Cambridge: Cambridge University Press

Larmore, C. 2013. Was Autonomie sein und nicht sein kann. In: Freiheit. Stuttgarter Hegel Kongress 2011. G. Hindrichs, A. Honneth (Hrsg.), 279-300. Frankfurt: Klostermann

Larmore, C. 2015. Political Liberalism. Its Motivations and Goals. In: Oxford Studies in Political Philosophy, Bd. 1, D. Sobel, P. Vallentyne, S. Wall (Hrsg.), 63-88. Oxford: Oxford University Press

Lewis, C.S. 2015. Die Abschaffung des Menschen. 8. Aufl. Einsiedeln: Johannes

Nusser, K.-H. 2015. Menschenrechte, Menschenwürde und Demokratie bei Jürgen Habermas. In: Deliberative Demokratie. H. Ottmann, P. Barisic (Hrsg.), 110-123. Baden-Baden: Nomos

Quante, M. 2010. Menschenwürde und personale Autonomie. Demokratische Werte im Kontext der Lebenswissenschaften. Hamburg: Meiner

Rawls, J. 2003. Politischer Liberalismus. Frankfurt: Suhrkamp

Rawls, J. 2004. Geschichte der Moralphilosophie. Hume – Leibniz – Kant – Hegel. Frankfurt: Suhrkamp

Rothhaar, M. / Hähnel, M. (Hrsg.). 2015. Normativität des Lebens – Normativität der Vernunft? Berlin/Boston. De Gruyter

Sandel, M. J. 2007. Plädoyer gegen die Perfektion. Ethik im Zeitalter der genetischen Technik. Mit einem Vorwort von Jürgen Habermas. Köln: Berlin University Press

Taylor, C. 1986. Die Motive einer Verfahrensethik. In: Moralität und Sittlichkeit. Das Problem Hegels und die Diskursethik. W. Kuhlmann (Hrsg.), 101-135. Frankfurt: Suhrkamp

Autonomie und Autorität: Wiederentdeckung des klassischen Zugangs zur Medizin

Christopher Tollefsen

Dieser Beitrag greift zurück auf ein Kapitel des Buches, an dem ich mit Dr. Farr Curlin von der Duke University seit längerem arbeite. Der vorläufige Titel des Buches lautet: *Good Medicine: Healthcare's Enduring Ethic* (Gute Medizin: Zeitlose Ethik im Gesundheitswesen). Zu Beginn stellen wir zwei kontrastierende Konzeptionen von Medizin einander gegenüber.

Nach der ersteren, die wir „Die neue Medizin" nennen, ist Medizin eine Sammlung fachtechnischer Fertigkeiten zu dienstbereiter Anwendung entsprechend den Präferenzen der Patienten bzw. Kunden. Medizinisches Personal ist damit wesentlich Dienstleister für das Wohlergehen des Patienten, wobei Wohlergehen vollständig im Sinne der Befriedigung der subjektiven Präferenzen und Wünsche des Patienten zu verstehen ist. Damit wir die Medizin *entmoralisiert* und die ihr eigentümliche Ethik wird zu dem, was der Philosoph H. Tristram Engelhardt „das moralisch Fremde"[1] genannt hat. Dem zustimmenden Unschuldigen wird dabei selbstverständlich keine Gewalt angetan. Aber innerhalb der Grenzen von Recht und Zustimmung gibt es weitere Einschränkungen. Medizinische Ethik wird zur Verfahrenstechnik, deren Zielsetzung die Aushandlung der möglichst geringsten Beeinträchtigung des Patienten ist. Medizin verkommt damit zu einem wirkmächtigen Instrumentarium, das denjenigen zur Verfügung steht, die in der Position sind, es zur Erfüllung ihrer Wünsche und Erwartungen in Anspruch zu nehmen.

Bei der zweiten Sicht sprechen wir vom „Traditionellen Zugang". Dieser führt zwei konvergierende Auffassungen zusammen, die wir die „medizinische Auffassung" und die „naturrechtlichen Auffassungen" nennen. Wir gehen davon aus, dass diese beiden Auffassungen sowohl das Wesen der Medizin und des Arztbe-

---

1   Engelhardt (1996)

© Springer Fachmedien Wiesbaden GmbH, ein Teil von Springer Nature 2020
J. Hattler und J. C. Koecke (Hrsg.), *Biopolitische Neubestimmung des Menschen*,
Philosophische Herausforderungen der angewandten Ethik und Gesundheitswissenschaften/Philosophical Challenges of Applied Ethics and Health
Sciences, https://doi.org/10.1007/978-3-658-28943-0_10

rufs am besten verständlich machen, als auch die Normen, an die sich Inhaber medizinischer Berufe als autoritativ verbindlich für die Ausbildung und folglich auch für das Handeln entsprechend ihres Gewissens halten sollten.

Gemäß der „medizinischen Auffassung" ist die Medizin eine Praxis, die zum Beruf erhoben wurde wegen ihrer sozialen Bedeutung: Ihr Ziel und Zweck ist die menschliche *Gesundheit*.

Gesundheit ist ein genuin – objektives – menschliches Gut und somit zentrales Ziel der Medizin. Niemand bestreitet, dass Gesundheit in der Neuen Medizin eine entscheidende Rolle spielt. Allerdings wird Gesundheit als solche oft als subjektives Konzept, gar als Konstrukt verstanden. Dieses Verständnis erlaubt aber keine strengen Regeln zu ihrem Schutz und ihrer Wiederherstellung. Hinzukommen Überlegungen, nach denen sie nur ein Teil, ggf. nur ein optionaler Teil dessen ist, wozu Medizin da sein sollte. Die „neue Medizin" kann Gesundheit als Ziel aufgeben. Für die „medizinische Auffassung", die mindestens bis zum Hippokratischen Eid zurückreicht, ist dies nicht möglich.[2]

Gemäß der „naturrechtlichen Auffassung" gründet die Moral in der Ausrichtung der praktischen Vernunft auf menschliche Güter mit der Perspektive, diese durch Handlungen zu verwirklichen. Es gibt nun verschiedene Güter, die die praktische Vernunft (und folglich die Naturrechts*theorie*) auffindet, die der menschlichen Person fundamentale und basale Gründe für ihr Handeln liefern. Leben und Gesundheit bilden ein solches – komplexes – Gut.[3] Was aus medizinischer Sicht zutrifft, ist gleichermaßen aus naturrechtlicher Sicht gültig: Handlungen, die gegen grundlegende menschliche Güter gerichtet sind, Leben und Gesundheit eingeschlossen, weil sie absichtlich schädigen oder zerstören, sind immer zu unterlassen. Daraus folgt: Sowohl Medizin wie Naturrecht erlegen medizinischen Berufen eine Norm von zentraler Bedeutung auf: Niemandem, Ärzte eingeschlossen, ist Handeln am Menschen in gesundheitsschädigender oder -zerstörender Absicht erlaubt.

Die Konvergenz endet jedoch nicht mit der beiderseitigen Zustimmung zu Verboten dieser Art. Von ihrem Wesen her drängt die Medizin den Arzt zu einem entscheidenden, die gesamte Person ausrichtenden, Engagement für das Gut des Lebens und der Gesundheit, so wie auch das Naturrecht von *allen* verlangt, ihr Leben am Engagement für die richtigen Güter auszurichten. Die Medizin setzt voraus, dass die besonderen Beziehungen, wie die zwischen Arzt und Pati-

---

2   Grundlegend für diese medizinische Auffassung: Kass (1975)

3   Eine wichtige Quelle für die naturrechtliche Auffassung ist: Finnis, Grisez, and Boyle (1987).

ent, fair und rechtfertigbar sind, während sie um die weiteren Anforderungen der Gerechtigkeit weiß. Ebenso sind für das Naturrecht Beziehungen von entscheidender Bedeutung in Bezug auf die Bestimmung der Pflichten und Kriterien von Gerechtigkeit und Fairness. Die Konvergenz beider Auffassungen ist ebenso breit wie tief.

In unserem Buch vertreten wir daher durchgehend die Auffassung, dass das, was wir *klassischen Zugang* nennen, eine Verbindung beider Auffassungen ist. Deshalb sind wir auch überzeugt, dass die verschiedensten Vertreter medizinischer Berufe aus der Beschäftigung mit beiden Auffassungen Gewinn ziehen können.

Im Weiteren werde ich mich nun mit einem Schlüsselbegriff der *Neuen Medizin*, der *Autonomie*, befassen. Nicht um den Begriff zurückzuweisen oder zu entwerten. Wir halten ihn vielmehr, wenn richtig verstanden, für bedeutsam. Dafür muss er durch einen anderen, ebenso bedeutsamen Begriff ergänzt werden: *Autorität*. Nach unserer Überzeugung wurde die Bedeutung von *Autonomie* in schädlichem Maß überbetont und so zum Grundbegriff der *Neuen Medizin* überhaupt – sowie darüber hinaus der Bioethik, die als Gegenentwurf zur allzu paternalistischen Bioethik der ersten Hälfte des 20. Jahrhunderts entstand. Zur Verteidigung des klassischen Zugangs zur Medizin gehört unseres Erachtens, das begriffliche Repertoire für den medizinischen Arztberuf zu erweitern, so dass es zu keiner Engführung im Blick auf die medizinischen Notwendigkeiten und Wirklichkeiten kommt. Ein erheblicher Beitrag dazu besteht darin, die starke Fixierung der *Neuen Medizin* auf die Autonomie zu ergänzen mit einer angemessenen Beachtung und Würdigung vorgegebener Autorität.

Unser diesbezügliches Anliegen ergibt sich aus der grundlegenden Überzeugung, dass Ideen Folgen haben. Medizinische Ethik und Philosophie der Medizin müssen selbstverständlich die konkrete Realität medizinischer Praxis berücksichtigen. Allerdings gehen wir davon aus, dass die medizinische Auffassung bestimmte Wahrheiten des Arztberufs erfasst, die begrifflich und normativ schwächere Auffassungen nicht erfassen. Gleichzeitig sind wir davon überzeugt, dass die medizinische Praxis von der jeweils aktuell vorherrschenden Philosophie geprägt ist – und zwar oftmals erheblich. In diesem Sinne prägt der zeitgenössische Leitbegriff der Autonomie, der ja durchaus zutreffend bestimmte medizinische Realitäten abdeckt, die medizinische Praxis und die *Neue Medizin*. In dem Ausmaß, wie Autonomie die zeitgenössische theoretische Diskussion verzerrt, so auch potentiell die zeitgenössische Praxis. Bestimmte Pathologien der zeitgenössischen Medizin lassen sich nicht umfassend thematisieren, solange nicht ein passender theoretisch-begrifflicher Rahmen verfügbar ist, innerhalb dessen sich ein angemessenes Arzt-Selbstverständnis darstellen lässt.

Autonomie

Autonomie, das sei vorausgeschickt, wird mitunter missverstanden und ihre Bedeutung nicht selten maßlos überbewertet. Wir bestreiten keineswegs, dass in der Arzt-Patient-Beziehung Autonomie eine Rolle – sogar eine wichtige Rolle – spielt. Im Naturrecht und klassisch medizinischen Verständnis hat Autonomie einen entscheidenden Stellenwert.

Das Verständnis der Autonomie in der gegenwärtigen Bioethik entspringt einem wesentlich praxisbezogenen Bedenken als Antwort auf das, was offensichtlich in bestimmten Hinsichten „Verletzungen" der Autonomie sind. Insbesondere als Reaktion auf Fehlverhalten seitens medizinischer Forscher und Praktiker auf Grund der Nichteinholung der Zustimmung von Patienten und Versuchspersonen vor Eingriffen (oder je nachdem deren Unterlassung).[4] In vielen Fällen – einige recht bekannt – wurden medizinische Verfahren eingeleitet ohne hinreichendes Bemühen der Ärzte, um Aufrichtigkeit gegenüber Patienten hinsichtlich ihrer wahren Verfassung, und ohne vorher die Zustimmung zur Behandlung einzuholen, die die Ärzte offensichtlich für am besten hielten.

„Ärztlichen Paternalismus" nennt man diese Vorgehensweise in der Regel. Da Ärzte annehmen, besser zu wissen, was für den Patienten gut ist, gehen sie auch davon aus, das Recht und die Pflicht zu haben, sich dafür einzusetzen. Mitunter aber reicht, wie die Tuskegee-Syphilis-Studie[5] deutlich zeigte, die Annahme ärztlich guten Willens nicht zum Schutz von Patienten, zumal wenn medizinische Forschung vorrangig auf gesamtgesellschaftliche Vorteile aus ist. Aber selbst noch bei bestens auf das Patientenwohl bedachter und sachgerechter Einstellung des Arztes haben intellektuell-spekulative Strömungen das Aufkommen einer autonomiebasierten Ethik in der Medizin befördert.

Diese intellektuell-spekulativen Strömungen beinhalten Gedanken, die auf die Anfänge des zeitgenössischen Liberalismus zurückgehen: Erstes Gebot unseres

---

4   Für die Diskussion einiger früher Fälle dieser Art, siehe Beecher (1966).

5   1932 bis 1972 wurden vom United States Public Health Service (PHS) in der Gegend von Tuskegee in Alabama der unbehandelte Krankheitsverlauf an mit Syphilis infizierten Versuchspersonen beobachtet, die weder informiert waren, noch zustimmen konnten.

gesellschaftlichen und politischen Lebens ist Würdigung und Förderung von Freiheit, Gleichheit und Unabhängigkeit der einzelnen Personen. Wo bleibt Freiheit und Unabhängigkeit, so dann die nachvollziehbare Frage, wenn am Patienten Untersuchungen und Behandlungen ohne sein Wissen und seine Einwilligung vorgenommen werden dürfen? Wo bleibt die Gleichheit von Patient und Arzt, wenn der Arzt einseitig entscheidet, was er tut? Gestützt auf klassisch liberale Quellen wie Immanuel Kant und John Stuart Mill argumentierten Ethiker des zwanzigsten Jahrhunderts, dass die Tugenden der liberalen Gesellschaft in der Medizin nur durch die Praxis der Einholung einer informierten Zustimmung verwirklicht werden können, bevor ein Arzt oder Forscher eine Maßnahme mit, für oder an einem Patienten vornehmen will.

Grundsätzlich ist uns diese Einsicht sympathisch. Zu klären bleibt allerdings, welche Aspekte diese Sympathie verdienen, welche sich als Irrtum herausstellen und welche besser erfasst werden können. Unsere Untersuchung des Autonomiekonzepts beginnen wir mit Hinweisen auf einige Fehlverständnisse und ihrer Bedeutung für ein gutes Leben. Dann wenden wir uns einer positiveren Betrachtungsweise zu, die schließlich überleitet und ergänzt wird durch die nachfolgende Diskussion der *Autorität*.

Irrtümer des Autonomiekonzepts

Unser Ziel ist es aufzuzeigen, warum Autonomie wichtig ist, insbesondere in der Medizin, obwohl wir zuerst auf zwei irrtümliche Auffassungen über die Wichtigkeit von Autonomie eingehen und auf einige der Folgen dieser Irrtümer für die Medizin.

Ein Grund für die zentrale und einzigartige Bedeutung der Autonomie, den man vorbringen kann, ist, dass eine Entscheidung autonom getroffen werden muss. Diese Sicht geht zurück auf Immanuel Kant, für den Autonomie bei Wahl-Entscheidung nur in Übereinstimmung mit dem kategorischen Imperativ möglich ist: „Handle nur nach derjenigen Maxime, durch die du zugleich wollen kannst, dass sie ein allgemeines Gesetz werde."[6] Wählt ein Wille, so Kant, nach dieser Maxime, untersteht er nicht dem Anreiz einer Begierde. Er ist also frei, autonom.

Kants Idee der autonomen Entscheidung als moralisch korrekter Entscheidung wurde inzwischen allerdings vom kategorischem Imperativ abgetrennt und in

---

6   GMS AA IV, 421

einer Weise abgewandelt, die für Kant wohl unannehmbar gewesen wäre und von einigen Denkern „expressiver Individualismus" genannt wird.[7] Gemäß diesem expressiven Individualismus ist die Richtigkeit einer Wahl-Entscheidung eine Funktion ihrer Authentizität – begrifflich immerhin mit Autonomie verwandt. Authentisch ist jemand, der er selbst ist, d.h. sich selbst bestimmend und autonom. Diese Sicht bringt eindrucksvoll eine berühmt gewordene Passage im Urteil des Richters Anthony Kennedy zu *Planned Parenthood vs. Casey* zur Ansicht, einem Fall, in dem es um Abtreibungsrechte ging: „Kern der Freiheit ist das Recht, den eigenen Entwurf der Existenz, des Sinns, des Universums und des Mysteriums menschlichen Lebens selbst zu bestimmen."[8]

Näher bei Kant liegen ethische Theorien, die Achtung der Autonomie anderer Personen gebieten, in dem sie fordern, dass die andere Person in jegliches Handeln mit oder an ihr zuvor einwilligen muss. Die autonome Ethik hat sich aber von Kant zunehmend weiter entfernt, und aus der Respektierung der Autonomie als Nebenbedingung (side-constraint) wurde das Recht, seinen „Entwurf der Existenz, des Sinns, des Universums und des Mysteriums menschlichen Lebens selbst zu bestimmen", das positive Respektierung einfordert. Stephen Darwall sprach von „wertschätzendem Respekt" (appraisal respect)[9]. Autonome Entscheidungen tolerieren, obwohl wir sie missbilligen, genügt nicht mehr. Zunehmend wird erwartet, dass wir sie – akzeptieren – wertschätzen und fördern.

Der Einfluss des expressiven Individualismus und die Idee, Autonomie genüge für die Aufrichtigkeit personaler Entscheidungen, zeigt sich in zahlreichen besorgniserregenden medizinischen Bereichen. Wo es beispielsweise um Sterben und Tod geht, tendiert unsere Gesellschaft allgemein und ein maßgeblicher Anteil der Ärzteschaft zunehmend dahin, mit der gewohnten Forderung nach ärztlicher Rücksicht auf Wünsche eines sterbenden Patienten, der in Ruhe gelassen werden will, von weiteren Eingriffen also abzusehen, zur Ansicht, Patienten hätten positiv ein Recht auf Sterbehilfe, wenn dies autonomer Entscheidung entspringt. Daraus folgt dann allerdings, dass für Ärzte, die mit der Sorge um den Patienten betraut sind, die Verpflichtung einhergeht, nötigenfalls für den Tod oder die Mittel dazu, zu sorgen.

---

7   Bellah et. al. (2007)
8   "At the heart of liberty is the right to define one's own concept of existence, of meaning, of the universe, and of the mystery of human life." 505 US 833 (1992). Für eine ausführlichere Kommentierung dieser „Mystery Passage" siehe Bradley (2017).
9   Darwall (1977)

Als zweites Beispiel mag die Betonung der selbstbestimmten Wahl gelten, die Themen Schwangerschaftsabbruch, Empfängnisverhütung und Reproduktivmedizin in weiten Teilen prägt. Wie beim Tod auf Verlangen erwartet man auch in Reproduktionsfragen nicht mehr nur Nichteinmischung. Vielmehr sollen Patientenwünsche ausdrücklich gewürdigt und möglichst alles unternommen werden, sie zu erfüllen. Bei Abtreibung oder Notfallverhütung sollen moralische Bedenken und sogar medizinische Einwände zurücktreten hinter der persönlichen autonomen Wahl.

Um schließlich noch ein heißes Eisen aufzugreifen, werfen wir noch einen Blick auf die wachsende Bewegung für sogenannte „Transgender"-Rechte und -Gleichheit. Wir treten für die Gleichheit aller menschlichen Personen und ihre grundlegenden Menschenrechte ein, ungeachtet ihrer Genderidentität. Zugleich sind wir allerdings überzeugt, dass die Transgenderbewegung auf Irrtümern über die Biologie und Natur des Menschen beruht. Laut Transgenderbewegung kann die individuelle Wahl einer Person ihre Gender-, sogar Geschlechtszugehörigkeit *festlegen*. Autonomie rechtfertigt nicht nur die Wahl als solche, sondern ihr soll darüberhinaus die Macht zukommen, das zu ändern, was unserer Auffassung nach, unveränderliche biologische Realität ist. Diese Vorstellungen haben Folgen für Ärzte. In einigen Staaten ist es ihnen gesetzlich verboten, Heranwachsende mit Gender-Dysphorie entsprechend zu beraten. Vielmehr erwartet man zunehmend von ihnen, dass sie diejenigen hilfsbereit unterstützen, die einen Geschlechts- oder Genderwechsel wünschen.[10]

In den genannten und weiteren Bereichen entwickeln sich die Ansprüche der Patientenautonomie zunehmend zu Leitvorgaben für das, was Ärzte und andere medizinische Berufsinhaber tun können, tun müssen und was sie nicht tun dürfen. Wir glauben jedoch, dass diese Position sowohl nachteilig für den medizinischen Beruf als auch sachlich problematisch ist.

Betrachten wir zunächst die Implikationen für den medizinischen Bereich. Der Autonomie-Vorrang reduziert den Arztberuf: der Arzt wird zu einer Art Funktionär, der dem Patienten wunschgemäße Dienste zu leisten hat, unabhängig von eigenem besserem Wissen oder moralischer Bedenken.[11] Es ist der Wunsch des Patienten, ausschließlich der Wunsch des Patienten, der zählt. Das ist ein Schlag ins Gesicht klassisch verstandener Medizin, deren Praktiker sich zu einer doppelten Verpflichtung bekennen: zum Gut der Gesundheit sowie speziell der

---

10   Für weitere Details dazu, siehe Anderson (2018).
11   Diese Sorge ist ein zentrales Thema bei Kass (1975).

des konkreten Patienten und zu einer gewissen praktischen Weisheit in Bezug auf dieses Gut. Im Gegensatz hierzu unterscheiden in der Autonomieperspektive den Arzt von irgend jemand anderem lediglich eine Reihe technischer Fertigkeiten, die ihn zu etwas befähigen, was wenige andere können; möglicherweise als Teilnehmer eines Gesellschaftsvertrages, der dem Arzt erlaubt, seine Tätigkeit auszuüben, *wenn* er dies im Dienst an den Wünschen der anderen tut. Was hier – in dem, was wir die Neue Medizin nennen – verloren gegangen ist, ist ein Gespür für die Berufung des Arztes zum Dienst an Personen, an den für sie authentischen, objektiven und menschlichen Gütern.

In ähnlicher Weise reduziert erscheint in der Autonomieperspektive die Arzt-Patient-Beziehung gegenüber ihrem klassischen Verständnis, nach dem beide gemeinsam miteinander bemüht sind, das für den Patienten wahre Gute herauszufinden, zu verfolgen und zu verwirklichen. Nach klassischem Verständnis verfolgt und verwirklicht der Arzt in seinem Bemühen um das Gute für den Patienten das *eigene* Gut *als Arzt*. Das macht in der Tat sein Leben zu einem Leben im Dienst am Patienten, und zwar weder losgelöst vom eigenen Guten noch in Unterwerfung unter bloß subjektive Wünsche und Entscheidungen des Patienten.

Darüber hinaus ist die Autonomieansicht problematisch, denn durch die Gewährung so weitreichender Autonomierechte für Patienten eliminiert diese Sichtweise effektiv die Autonomie der Ärzte. Nehmen wir einen Arzt mit Gewissenswiderspruch gegen ärztlich assistiertem Suizid, weil dies seiner ärztlichen Berufung zu heilen und zu lindern widerspricht. Gibt die Selbstbestimmung des Patienten den Ausschlag, verlangt dies vom Arzt, eigene Überzeugungen aufzugeben und sich solchen des Patienten in Dienst zu stellen oder den Arztberuf ganz aufzugeben. Wie steht es hier mit dem Respekt vor der Autonomie des Arztes? Was rechtfertigt eine so massive Demontage seiner Selbstbestimmung? Hierauf hat die radikale Autonomieperspektive keine klare oder nachvollziehbare Antwort.

Soviel zur Forderung, dass zur moralischen Rechtfertigung autonome Wahl ausreicht. Eine andere Sicht betont die Bedeutung der Autonomie im Bereich der Medizin, ohne die Richtigkeit von Entscheidungen auf die autonome Wahl zu reduzieren. Jedoch gilt Autonomie in dieser Perspektive als das einzige oder höchste Gut für ein gelingendes Leben. Als hierfür konstitutiv soll sie erstrebt und geachtet werden. Für ein gelingendes Leben ist sie alleine jedoch wohl nicht vollumfänglich ausreichend, wenngleich sie zu den genuinen menschlichen Gütern zählt und möglicherweise das herausragendste davon ist.

In Bezug auf die Verbindung von Autonomie und dem Gut und der Entfaltung menschlichen Lebens ist diese Sichtweise korrekt, jedoch nicht hinsichtlich der Geltung, die sie beansprucht. Im Unterschied zu den Gütern Leben und Gesundheit, Wissen, Freundschaft oder Religion ist Autonomie als solche kein *grundlegendes* Gut. Eine autonome Wahl ist nicht schon, *bloß* weil sie autonom ist, Teilhabe am Guten. Ebenso wenig bringt „autonomes Handeln" als solches dem Handelnden nachvollziehbare Vorteile, wenn es unabhängig von der Orientierung des Handelnden auf substantiellere Güter geschieht. Vielmehr ist eine autonome Wahl nur, wenn sie *auf ein Gut* gerichtet ist, eine gute Wahl. Schließlich ist es nicht die Ausrichtung auf ein Einzelgut, sondern erst die volle Übereinstimmung mit der umfassenden Ausrichtung der Vernunft, durch die eine autonome Wahl gut ist.[12]

Daher gehen wir davon aus, dass Autonomie als solche weder ein Grundwert ist noch einzig und allein konstitutiver Bestandteil der Entfaltung gelingenden menschlichen Lebens. Sie gehört auch nicht zu den Grundlagen des Naturrechtsdenkens. Die Bedeutung von Autonomie für ein gutes und aufrechtes Leben soll damit jedoch nicht in Abrede gestellt werden. Der Grundlage dieser Bedeutung wollen wir nun nachgehen.

Zur Bedeutung von Autonomie

Nach intuitivem Verständnis hat Autonomie etwas mit persönlicher Freiheit zu tun, mit ihrer Selbstbestimmung als Person: für sich selbst verantwortlich und entscheidend. Das impliziert das Wort selbst: *Nomos*, griechisch, bedeutet Gesetz, *autó* selbst. Eine autonome Person ist demnach jemand, der gleichsam sich selbst Gesetz ist, sich selbst steuert.

Aber warum ist es wichtig, sich selbst zu steuern, für sich selbst zu entscheiden, wie man lebt und handelt? Eine Antwort hierauf finden wir, wenn wir auf das im Sinne des Naturrechts grundlegend Gute schauen.

Ein gutes Leben ist ein auf die grundsätzlichen Güter ausgerichtetes Leben – individuell und sozial. Ferner muss dabei die Ausrichtung auf die Gesamtheit des Lebens gegeben sein. Das Bemühen um die Berücksichtigung des gesamten Lebens kann mit der Vorstellung eines rationalen Lebensplans einhergehen. Aber es lässt sich noch besser durch die Idee der Berufung begreifen: als ein

---

12 Für eine ausführliche Diskussion dieses Sachverhalts, siehe George (1995), Kap. 6.

Leben in der Verfolgung der grundlegenden Güter für den Menschen, zu dem man berufen ist und in dem man die eigenen Talente, Interessen, Sympathien und Situationen in der besten Weise einsetzt.

Ein solches Leben verlangt zweifellos entschiedenen Einsatz, sowohl für Güter wie für Personen. Aus zumindest zwei Gründen. Betrachten wir zuerst solche Güter, zu deren Erfüllung konstitutiv ein solcher Einsatz bzw. Verpflichtung erforderlich ist. Güter, wie die Ehe, Freundschaft oder Religion können schlicht nicht Wirklichkeit werden, es sei denn durch Personen, die sich selbst verpflichten: dem Ehepartner, dem Freund oder Gott gegenüber. Damit von einer Selbstverpflichtung die Rede sein kann, muss es die Verpflichtung *dieser Person* sein, die sie wirklich für sich selbst übernommen hat. Diese Einsicht, die unter anderem für wichtige Argumente zur Religionsfreiheit von zentraler Bedeutung war, liefert eine erste Rechtfertigung der Autonomie: Das gelingende Leben erfordert Verpflichtungen für bestimmte Güter, damit diese überhaupt verwirklicht werden können, und solche Verpflichtungen erfordern Autonomie, die Fähigkeit, eigene Entscheidungen zu treffen und seine Verpflichtungen zu erfüllen.

Selbstverständlich sind auch für weitere Grundgüter Verpflichtungen wichtig, selbst wenn ihr Gegebensein und ihr Genuss nicht eigens einer Verpflichtung bedürfen. Man denke z.B. an das Gut des menschlichen Lebens: Jedes Baby hat daran Anteil, ohne je bislang eine Wahl getroffen zu haben. Aber viele Babies könnten dieses Gut nicht genießen, wenn nicht durch viele Selbstverpflichtungen vieler anderer Menschen: Durch Ärzte und Pflegepersonal, die für sie Sorge tragen, durch Forscher, die neue Wege gefunden haben, um menschliches Leben unter widrigen Umständen zu erhalten und zu nähren, und schließlich durch die Familienangehörigen, deren Liebe und Fürsorge für das Kind von Geburt an entscheidend ist.

Selbstverpflichtung hilft uns also, das Gute in höherem Maße zu verwirklichen, und vertieft unser Verständnis darüber, was ein Gut ist und wie es erlangt werden kann. Dabei haben Verpflichtungen oft sozialen Charakter: Auf vielen Gebieten arbeiten Forscher miteinander, um gesuchte Problemlösungen zu finden. Wobei „Zusammenarbeit" stets auch stattfindet mit ihren Vorgängern und Nachfolgern, mit einer Erbschaftsfolge sich stetig entwickelnden Wissens und Könnens von den früheren zu den späteren Generationen.

Diese Verpflichtungen haben anderseits bessere Ergebnisse zur Folge, wenn es sich um *Selbst*verpflichtungen handelt. Wenn wir uns eine Welt vorstellen, in der Menschen einfach den Beruf des Arztes zugewiesen bekommen, ohne dass sie bei der Berufsentscheidung irgendwelche Mitspracherechte hätten, dann hat dies eine Welt zur Folge, in der die Entwicklung der Menschen beeinträchtigt wäre aufgrund ihrer Unfähigkeit, entsprechend *ihrer* persönlichen Berufung zu handeln und durch den Mangel an Engagement und Einsatz, den Zwang manchmal hervorrufen kann. Demgegenüber muss folglich die Person selbstbestimmt ihre beruflichen Verpflichtungen wählen können und daher kommt der Autonomie ein besonderer Stellenwert in Bezug auf das menschliche Wohlergehen zu.

Dem mag man noch folgende Überlegung anfügen. Beim Eingehen von Verpflichtungen ist sicherlich eine ganze Reihe von Faktoren zu berücksichtigen. Nicht jeder ist geeignet, Arzt zu sein, wie auch nicht jeder zum Philosophen geboren ist. Talente, Umstände und Chancen, alles muss berücksichtigt werden, um ein wohlfundiertes Urteil zu treffen. Und wer ist am besten in der Lage, diese Beurteilung vorzunehmen? In vielerlei, wenngleich natürlich nicht in jeder Hinsicht, ist es die Person selbst, die diese Verpflichtung auch eingehen muss. Wiederum also ist Autonomie wichtig: Wenn wir sie bei der Wahl unserer Verpflichtungen nicht berücksichtigen, verlieren wir einen wichtigen Zugang zu Gesichtspunkten, die für unsere praktischen Überlegungen unerlässlich sind.

Was für das Eingehen von Verpflichtungen gilt, gilt entsprechend für die Pflichten, die damit einhergehen. Dass Verpflichtungen bzw. Selbstverpflichtungen Pflichten generieren, sollte offensichtlich sein: Eine Eheschließung generiert Ehepflichten. Ähnlich verpflichtet auch das Berufsbekenntnis des Arztes. Um welche Pflichten es sich jeweils handelt, weiß wohl, wie gesagt, am besten die Person, die die Verpflichtung eingegangen ist. Sie weiß, wozu sie sich verpflichtet hat. Also erscheint es vernünftig, ihr sowohl den angemessenen Spielraum für die eigenen Beurteilungen ihrer Pflichten zuzubilligen, als auch ihr zu erlauben, gemäß eigenem Urteil zu handeln. Dies ist jedenfalls vernünftiger als eine umfassende Entscheidung *für* eine andere Person zu treffen, die festlegt, was diese tun muss oder nicht tun darf, um ihren beruflichen Verpflichtungen zu entsprechen.

Aus all diesen Gründen ist eine Bedingung, die man vernünftigerweise Autonomie nennen kann, von großer Wichtigkeit für ein gelingendes Leben, auch für das gelingende Leben von Ärzten und Patienten. Gewiss sind Patienten regelmäßig in Situationen, in denen ihre Autonomie eingeschränkt ist, und somit sind sie manchmal nicht in der Lage zu selbstbestimmten Entscheidungen und Handlungen. Aber die Autonomie des Patienten ist etwas, das respektiert und gefördert werden sollte und es ist ein Irrtum, wenn Ärzte annehmen, sie wäre von geringer praktischer Bedeutung.

Autorität

Dessen ungeachtet gehen wir davon aus, dass es ein weiteres Konzept gibt, das zusätzlich zur Autonomie als hilfreiche Ergänzung herangezogen werden sollte, um Fehlschlüsse der gegenwärtigen Fixierung auf die Patientenautonomie zu vermeiden, während es gleichzeitig verständlich macht, inwiefern diese Fixierung auf etwas Richtiges und Wichtiges hinweist. Gemeint ist das Konzept der *Autorität*. Es ist, wie wir sehen werden, sowohl patienten- als auch arztbezogen anzuwenden.

Medizinische Entscheidungen werden, wie viele Entscheidungen sonst auch, in einem sozialen Kontext getroffen, der hier konkret den Patienten, Familie und Freunde des Patienten, das beteiligte medizinische Berufsumfeld und gelegentlich noch andere betrifft: öffentliche Stellen, Krankenversicherungen, Seelsorger. Aber alle Entscheidungen, die mehr als eine Partei berühren, haben ein gemeinsames Problem: Wenn unterschiedliche Personen mit unterschiedlichen Begründungen für ihr Handeln und mit unterschiedlicher Auffassung über die zur Verfügung stehenden Möglichkeiten des Handelns involviert sind, wie soll dann eine abschließende Entscheidung getroffen werden können?

Es gibt hierfür, wie John Finnis[13] dargelegt hat, nur zwei Möglichkeiten: Entweder durch Einstimmigkeit oder Autorität. Weitere Lösungen gibt es nicht, denn *jede* Art der Entscheidung, die nicht einstimmig zustande kommt, beruht auf irgendeiner Form von Autorität. Selbst eine Abstimmung ist kein dritter Lösungsweg. Hier gibt die Autorität der Mehrheit den Ausschlag für alle.

Was *ist* nun Autorität im medizinischen Kontext? In Betracht kommen unseres Erachtens zumindest zwei Formen von Autorität. Diese müssen voneinander unterschieden werden, um ihre jeweilige Art und ihre jeweiligen Grenzen klar zu verstehen.

Die erste ist die Autorität des Arztes. Sie beruht typischerweise auf seiner *fachlichen Autorität*: Seinem Wissen um die Gesundheit und wie Behandlungen sie wieder so gut wie möglich herstellen können, auf welche Weise und mit welchem Kostenaufwand und Nebenwirkungen. Fachliche Autorität kann auch hinsichtlich des bestmöglichen Behandlungsergebnisses eine Rolle spielen. In Fällen, in denen ein solches Ergebnis abzusehen ist, ist es die Autorität des Arztes, die ihn diese Möglichkeit gegenüber dem Patienten aufzeigen lässt.

---

13   Finnis (2011), Kap. IX

Zweierlei ist hier jedoch zu berücksichtigen: Das beste *medizinische* Ergebnis ist nicht unbedingt immer auch das beste Ergebnis insgesamt und nicht selten gibt es überhaupt kein bestes medizinisches Ergebnis. Betrachten wir zuerst diesen zweiten Fall mit beschränkteren Aussichten (wenngleich er impliziert, dass oft dann auch kein bestes Ergebnis insgesamt möglich ist). Nehmen wir als Beispiel die an Asthma leidende Tänzerin aus Mark Sieglers klassischem Artikel über Gesundheitsfürsorge-Entscheidungen.[14] Auf ihrer Suche nach ärztlicher Behandlung trifft sie zuerst auf einen Arzt, der eine Behandlung anbietet, die ihr danach erlauben wird, trotz einiger bleibender Atmungsprobleme weiter zu tanzen. Dann auf einen Arzt, für den bleibende Atembehinderungen als suboptimales medizinisches Ergebnis inakzeptabel sind. Er spricht sich für unbehinderte Atmung aus, auch wenn die Nebenwirkungen der Behandlung ihr gesundheitlich nicht erlauben werden, weiter zu tanzen. Liegt nun einer der beiden Ärzte offensichtlich richtig mit seiner Beurteilung der Gesundheit der Tänzerin? Oder ist es nicht vielmehr so, dass kein Arzt mit Sicherheit sagen kann, welches der beiden Ergebnisse das Beste ist? Das eine wie das andere zielt auf Teilaspekte des Gutes der Gesundheit und lässt andere unberücksichtigt oder beeinträchtigt sie sogar.

Mit Blick auf den stärkeren Fall gilt ebenfalls, dass kein Arzt beurteilen kann, wie wichtig und wertvoll die von ihm angezielten medizinischen Ergebnisse im Verhältnis zu anderen Gütern sind, die im Zusammenhang mit der ganz persönlichen Berufung und Lebensgeschichte des Patienten stehen. Tanzen zu können und atmen zu können sind schlicht inkommensurabel. Ebensowenig das Risiko eines plötzlichen Asthma-Todes und die leidvolle Unfähigkeit der Tänzerin, weiterhin zu tun, was ihr am Herzen liegt. Die Gesamtbilanz aller Ergebnisse – die gesundheitsbezogenen Ergebnisse plus sonstige Vor- und Nachteile, die damit einhergehen – sind inkommensurabel. Dies verweist auf den notwendigen zweiten Sinn von Autorität und die Art und Weise, wie *der Patient* sie besitzt.

Bedenken wir nochmals den Fall, dass es, wenn wir ausschließlich medizinische Aspekte berücksichtigen, manchmal vermutlich kein medizinisch „bestes" Ergebnis gibt. Die meisten medizinischen Eingriffe haben bei allem Nutzen auch negative Folgen, unerwünschte, aber unvermeidliche Nebenwirkungen. Mitunter versprechen zwei (oder mehr) verschiedene therapeutische Maßnahmen unterschiedliche Heilwirkungen, die aber nicht gleichzeitig erreichbar sind. Das Ausbleiben einer Heilwirkung gilt dann als Nebenwirkung der angestrebten Heilung. Inkommensurabilität der zur Wahl stehenden Optionen bedeutet also, wie soeben

---

14　Siegler (1981)

ausgeführt, dass dem Patienten womöglich ein bestes Heilergebnis gar nicht zur Wahl steht.

Wie das Beispiel der Tänzerin gezeigt hat, sind Heilerfolge nicht das einzige im Kontext medizinischer Entscheidungen. Sie haben Auswirkungen auf andere grundlegende und instrumentelle Güter, zumindest als Folge der gewählten Maßnahmen. Manche Therapien können das Leben des Patienten verlängern, haben aber schwerwiegende Einschränken zur Folge, wodurch er seine anderen Verpflichtungen nicht mehr erfüllen kann.

Derartige Einschränkungen stellen Belastungen dar, die bei der Überlegung, ob die Therapie erfolgen soll, berücksichtigt werden müssen. Die Therapie kann auch Maßnahmen einschließen, die den Patienten abstoßen oder die mit extremen Schmerzen verbunden sind, wenngleich die Heilungsaussichten vielversprechend sind. Sie kann auch sehr teuer oder zeitaufwendig und daher mit hohen Opportunitätskosten verbunden sein. Aber selbst wenn, was vorkommt, beste Heilungsaussichten bestehen, macht das eine Entscheidung nicht überflüssig. Andere, damit nicht direkt vergleichbare Vor- und Nachteile müssen zuvor berücksichtigt werden.

Es stellt sich daher die Frage, wer schließlich die Entscheidung zu treffen hat und auf welcher Grundlage sie getroffen wird? Beginnen wir mit dem ersten Teil der Frage. Für einen Autonomie-basierten Ansatz, wie ihn die neue Medizin vertritt, ist die Antwort eindeutig: Der Patient entscheidet. Und wir stimmen dem zu. Allerdings ist nach unserem Dafürhalten die Grundlage für die Entscheidung des Patienten bzw. seines Rechts, diese zu treffen, nicht, dass die autonome Wahl einen richtigmachenden Charakter besitzt oder dass derartige Entscheidungen das einzige wirkliche Gut – die Autonomie – realisieren. Vielmehr hat der Patient die *Autorität* zu entscheiden. Die Gründe hierfür sollen im Folgenden dargelegt werden.

Irgendeiner, oder eine Gruppe, muss die Autorität haben, wenn Entscheidungen getroffen werden müssen. Die Entscheidung verlangt die vorherige Abwägung der unterschiedlichen Vor- und Nachteile der infrage stehenden Eingriffe oder Unterlassungen. Die betreffenden Vor- und Nachteile sind jedoch, bezogen auf ihr Gutsein, inkommensurabel. Welcher Maßstab kann oder soll also herangezogen werden, um eine vernünftige Entscheidung zu treffen?

Einen Maßstab liefert zweifellos die Möglichkeit dessen, was überhaupt unternommen werden kann und eine vernünftige Aussicht auf wirksame Heilung eröffnet. Und hier ist es der Arzt, dem die fachliche Autorität zukommt, diese Entscheidung zu treffen: Die Entscheidung darüber, welche Möglichkeiten es gibt und er anbieten kann. Das ist genuine Form von Autorität. Sie sollte weder missbraucht noch missachtet werden – weder durch den Arzt, der versucht sein kann, den Kompetenzbereich seiner Autorität zu überschreiten, noch durch den Patienten, der versucht sein kann, vom Arzt Maßnahmen zu verlangen, die dieser als unmöglich oder unvernünftig ablehnt. Die auf die Fachkompetenz gründende Autorität des Arztes gibt folglich den Rahmen für die Entscheidungen des Patienten vor.

Wie *sollen* jedoch die verschiedenen zu erwartenden Behandlungsergebnisse gegeneinander abgewogen werden sowie in Bezug auf die verschiedenen nicht gesundheitsbezogenen Vor- und Nachteile, die mit der Behandlung ebenso einhergehen? Welcher Maßstab lässt sich hierfür heranziehen, wenn nicht der des „größten Gutes"? Als Maßstab schlagen wir daher die persönliche *Berufung des Patienten* vor.[15]

Wenn wir nochmals auf Sieglers Tänzerin zurückkommen, dann wird deutlich, dass sie bislang ihr Leben gestaltet hat und das weiterhin tun wird, in Bezug auf die grundlegenden Güter, zu denen sie sich berufen weiß und denen sie sich verschrieben hat; sie realisiert ihre Kunst und die Güter ästhetischer Erfahrung und Arbeit mit Hingabe und Fleiß. Möglicherweise ist ihre Verpflichtung und Hingabe, wie bei vielen anderen auch, nochmals eingebettet in umfassendere Verpflichtungen, wie etwa eheliche oder religiöse Bindungen. All diese Verpflichtungen der persönlichen Berufung ergeben zusammen den Rahmen, der ihr eine angemessen vernünftige Abwägung der verschiedenen Vor- und Nachteile der Vorschläge des Arztes erlaubt und der bestimmt, was eine angemessene Anerkennung jeweils erfordert.

Das ist gewiss etwas anderes als die bloße Berufung auf Autonomie, denn diese Abwägungen können fehlgehen: Sie muss mutig sein und darf sich nicht von unvernünftiger Angst beeinflussen lassen; sie muss klug sein und darf sich nicht durch unreflektierte Wünsche von wohlerwogenen Beurteilungen abbringen lassen; schließlich muss sie gerecht sein und einstehen für ihre Verantwortungen und Verpflichtungen und die Konsequenzen ihrer Wahl für die zukünftige Möglichkeit oder Unmöglichkeit ihrer Erfüllung. Hätte zum Beispiel unsere Tänzerin ein kleines Kind, wäre die Option, weitertanzen zu können um den Preis des höheren Risikos, früher zu sterben, weder gerecht noch klug. Als Fazit können wir festhalten: Die persönliche Berufung der Tänzerin gibt ihr den *für sie* erfor-

---

15 Diese Überlegungen sind maßgeblich beeinflusst von Boyle (1999).

derlichen Maßstab, um zu bestimmen, wie eine vernünftige Abwägung von Nutzen und Lasten im konkreten Fall ausfallen sollte.

Zweifellos ist sie die Person mit dem besten epistemischen Zugang sowohl zu den Verpflichtungen ihrer persönlichen Berufung, als auch zu den Implikationen dieser Verpflichtungen in Bezug auf ihre Verantwortungen und Pflichten. Gewiss, sie kann sich irren und manchmal den Rat einer weniger involvierten oder außenstehenden Person mit mehr Problemdistanz bedürfen. Aber ein solcher Rat eines Außenstehenden ist vorrangig für sie selbst von Vorteil, indem sie dadurch die entsprechende Ausrichtung auf ihre Berufung und die Implikationen für ihr Leben vornimmt. Auch wenn andere ihr mit Hinweisen und Rat zur Seite stehen, die Berufung ist höchstpersönlich ihre und damit letztlich auch die maßgebliche Grundlage ihrer Entscheidungsautorität.

Warum nun ist hier Autorität als Konzept angemessener als Autonomie? Einige Antworten darauf haben wir schon gegeben. Bekanntlich ist aber selbst legitime Autorität noch keine Garantie für deren kluge Ausübung. Allerdings hebt Mangel an Einsicht die Autorität nicht umgehend auf. Demgemäß gilt es also manchmal, der Autorität des Patienten Folge zu leisten, selbst wenn wir überzeugt sind, er hätte eine andere und bessere Entscheidung treffen sollen. Damit sind natürlich auch Bemühungen kompatibel, mit dem Patienten zu sprechen und ihn zu überzeugen, dass er seine Autorität nicht im besten Sinne vernünftig wahrnimmt.

Das deutet auf eine zweite Art hin, in der die Autorität gegenüber der Autonomie, wie sie populär verstanden wird, überlegen ist. Gilt nämlich Autonomie als sich selbst rechtfertigend, verschließt sie Spielräume für weitere Gespräche mit jemandem, der eine autonome Entscheidung getroffen hat. Während offenkundig klar ist, dass selbst legitime Autorität, um klug ausgeübt zu werden, häufig die Beratung durch andere erfordert. Kluge und gerechte Eltern haben Autorität über ihre Kinder, aber fragen legitimer- und richtigerweise nach den Meinungen und Wünschen ihrer Kinder.

Mit der Autorität der Patienten verhält es sich ähnlich. Sie kann nur klug und gerecht ausgeübt werden, wenn in ihre Überlegungen die Einschätzung ihrer Ärzte und die Perspektive ihrer Familienangehörigen einfließt.

Schließlich noch ein Drittes: Autorität hat Grenzen. Das weiß jeder und dies hat Folgen: Wird politische Autorität übertrieben, stellen wir in Frage, ob wir Vorschriften, die wir für illegitim halten, befolgen sollten und manchmal – wenn wir z.B. etwas tun sollen, das immer und überall falsch ist – entscheiden wir, dass wir dies nicht tun dürfen.

Das ist wichtig für den medizinischen Kontext. Ein Vorwurf gegenüber der Neuen Medizin mit ihrer Überbetonung der Autonomie lautete, dass sie Ärzte auf Funktionäre reduziert, die schlicht zu liefern haben, was immer der Patient verlangt. Solange es rechtlich zulässig ist, muss der Arzt diese Leistungen erbringen oder er hört auf, ordnungsgemäßer Vertreter seines Berufsstands zu sein. Denn das Motto der Neuen Medizin lautet nicht nur, dass die Patienten entscheiden, sondern auch, dass die Ärzte gehorchen. Das Autoritäts-Modell hingegen setzt klar der Ausübung von Patientenautorität wie auch der Gehorsamspflicht des Arztes Grenzen. Konkret bedeutet dies, dass die ursprüngliche Ausübung der Fachautorität des Arztes den Rahmen dessen vorgibt, was der Arzt innerhalb der Maßgabe seiner Berufung zum Heilberuf zu tun bereit ist; und die Patientenautorität ist dahingehend begrenzt, dass der Patient Vorschläge des Arztes gänzlich ablehnen kann oder unter Alternativen der vom Arzt vorgeschlagenen Therapien auswählt. Eine Ausweitung auf positive Ansprüche auf die Erfüllung autonomer Wünsche ist hierbei ausgeschlossen.

Ersucht ein Patient beispielsweise um ärztliche Beihilfe zum Sterben, die der Arzt aus moralischen, inklusive professionellen Gründen nicht anbietet, deckt die Autorität des Patienten durchaus seine Suche nach einem anderen Arzt, keinesfalls aber ein Bestehen darauf, dass der Arzt – entgegen seinen prinzipiellen Einwänden – solche Beihilfe leistet.

Zusammenfassung

Wenn wir in der Medizin gemäß ihrem klassischen Verständnis arbeiten wollen, können wir zusammenfassend sagen, dass wir das Konzept der Autorität benötigen und nicht nur das der Autonomie. Gewiss wurde in der Vergangenheit der Autorität des Arztes ein größerer Spielraum eingeräumt, als gerechtfertigt war. Die Formel „Der Arzt entscheidet, der Patient gehorcht" entspricht nicht dem Selbstverständnis der klassischen Medizin. Allerdings schlug dann das Pendel eindeutig zu weit in die Gegenrichtung, hin zur Forderung der Neuen Medizin: „Der Patient entscheidet und der Arzt gehorcht". Eine solche Konzeption verfehlt ebenso das Wesen der Medizin wie des Naturrechts. Eine sachgemäße Reform medizinischer Praxis und des ärztlichen Berufsbilds verlangt eine Überwindung dieses defizitären Selbstverständnisses durch einen Entwurf, der auf den grundlegenden Gütern und ihrer aufrichtigen und gemeinschaftlichen Realisierung basiert; einen Ansatz der gerade auf Grund seiner Gemeinschaftsdimension das Konzept der Autorität erfordert.

Literaturverzeichnis

Anderson, R.A. 2018. When Harry Became Sally: Responding to the Transgender Moment, New York: Encounter

Beecher, H.K. 1966. Ethics and Clinical Research. New England Journal of Medicine 274: 1354-1360

Bellah, R., et. al. 1985. Habits of the Heart: Individualism and Commitment in American Life. Oakland, CA: University of California Press

Boyle, J. 1999. Personal Responsibility and Freedom in Health Care: A Natural Law Perspective. In Persons and their Bodies: Rights, Responsibilities, Relationships. M. Cherry (Hrsg.), 11–141. Dordrecht: Springer

Bradley, G.V. 2017. Natural Law Theory and Constitutionalism. In The Cambridge Companion to Natural Law Jurisprudence. G. Duke / R.P. George (Hrsg.), 397-427. New York: Cambridge University Press

Darwall, Stephen. 1977. Two Kinds of Respect. Ethics 88: 36-49

Engelhardt, H.T. 1996. The Foundations of Bioethics. New York: Oxford University Press

Finnis, J., Grisez, G., and Boyle, J. 1987. Practical Principles, Ultimate Ends, Moral Truth, and Ultimate Ends. The American Journal of Jurisprudence 32: 99-151

Finnis, J. 2011. Natural Law and Natural Rights. Oxford: Oxford University Press

George, R.P. 1995. Making Men Moral: Civil Liberties and Public Morality. Oxford: Oxford University Press

Jones, J.J. 1993. Bad Blood: The Tuskegee Syphilis Experiment. New York: The Free Press

Kant, I. 1968. Grundlegung der Metaphysik der Sitten (1785). In: Kants Werke. Akademie-Textausgabe. Bd. 4. Preußische Akademie der Wissenschaften (Hrsg.). Berlin, New York, 385-463. (abgek. AA mit römischer Seitenzahl)

Kass, L. 1975. Regarding the End of Medicine and the Pursuit of Health. The Public Interest 40: 11-42

Siegler M. 1981. Searching for moral certainty in medicine: A proposal for a new model of the doctor-patient encounter. Bulletin of the New York Academy of Medicine 57:56-69

Selbstbestimmung: ein biopolitisch fragwürdiges Kriterium

Existenzgrundlage der Medizin ist das ihr inhärente Arztethos[1]

Hans Thomas

Selbstbestimmung ist zweifellos ein beachtliches Gut verantwortlicher Lebensführung. Vorausgesetzt, das selbstbestimmte Ich weiß auch vom Du, zumal in einer Gesellschaft, in der Menschen stark aufeinander angewiesen sind, unterscheidet Gut und Böse, nutzt die Vernunft, um das je Gute zu erkennen und es zum Ziel des freien Willens zu bestimmen. Im öffentlichen Diskurs indes wird weithin Selbstbestimmung individualistisch verstanden, geradezu als Synonym von Freiheit einfach so. Und gerät gar zum zentralen Ausweis von Menschenwürde – bis in die Rede von jedermanns Recht, postfaktisch selbst zu bestimmen, ob er/sie Mann oder Frau ist.

Im Folgenden wollen wir uns auf Selbstbestimmung in der Medizin, der Bioethik und Biopolitik beschränken. Hier spielt die Selbstbestimmung – scilicet: des Patienten – eine wichtige Rolle. Dass hier die „Autonomie des Patienten" zum Leitwert taugt, darf aber bezweifelt werden.

Einseitige Sterbewünsche Schwerkranker, gar psychisch Kranker oder Zustimmungen zu sonst ärztlich grenzwertiger Behandlung (etwa transsexuelle Op.) zeugen bekanntlich meist von Überforderung.

Am 20. Dezember 2016 trat das *Vierte Gesetz zur Änderung arzneimittelrechtlicher Vorschriften* in Kraft. Im Rahmen der Arzneimittelforschung erlaubt es rein fremdnützige Prüfungen an nicht einwilligungsfähigen Erwachsenen. Zu den Bedingungen gehört, abgesehen von nur geringen Risiken für den – i.d.R.

---

[1] Hier im Einvernehmen mit Zeitschrift für Lebensrecht (Juristenvereinigung fü Lebensrecht) nach Vorabdruck in ZfL 3/17, 94-99

© Springer Fachmedien Wiesbaden GmbH, ein Teil von Springer Nature 2020
J. Hattler und J. C. Koecke (Hrsg.), *Biopolitische Neubestimmung des Menschen*,
Philosophische Herausforderungen der angewandten Ethik und Gesundheitswissenschaften/Philosophical Challenges of Applied Ethics and Health
Sciences, https://doi.org/10.1007/978-3-658-28943-0_11

demenzkranken – Patienten, dass er zu einem früheren Zeitpunkt einmal zugestimmt haben muss. Solche Erkundung aktueller Selbstbestimmung eines Dementen ist erst recht problematisch. Elementare Zweifel hieran und ihre schiere Unauflöslichkeit behandelte 2010 ausführlich Klaus Ferdinand Gärditz.[2]

Noch zeitnäher – und in der Sache griffiger – hob am 2. März 2017 das Bundesverwaltungsgericht in Leipzig das bislang geltende Verbot der Abgabe tödlich wirkender Substanzen an sterbewillige Schwerkranke auf – in „Extremfällen", die aber nicht näher charakterisiert wurden.[3] Betroffen sind von solch öffentlicher Beihilfe zur Selbsttötung keineswegs Demente. Das Verwaltungsgericht in Köln hatte das Recht auf Selbstbestimmung des eigenen Lebensendes im Dezember 2015 ebenfalls gestützt, allerdings ohne Anspruch auf Mitwirkung anderer. Worauf auch sollte sich dieser Anspruch gründen? Schließlich wirkt der „Helfer" ja an der Tötung eines anderen mit[4].

In der Regel werden für Beihilfe zur Selbsttötung oder Tötung auf Verlangen drei Motive genannt:

1. Mitleid: Mitleid setzt allerdings die Existenz dessen voraus, mit dem ich (mit)leide. Was seine Vernichtung beendet, ist, daß ich sein Elend weiter ansehen muß. Großteil des Mitleids war also wohl Selbstmitleid.

2. Entlastung Dritter: Wenn überhaupt laut ausgesprochen, dann mit Blick auf nahestehende Personen oder Pflegekräfte. Die schnelle Karriere des Motivs in Kaltluftzonen öffentlicher Verwaltung bezeugt Kanada: Ein Jahr nach Zulassung aktiver Sterbehilfe in Kanada veröffentlichte das Canadian Medical Association Journal am 23.01.2017 die erheblichen Haushaltseinsparungen im Pflegebereich.[5]

3. Selbstbestimmung: Bei Tötungs- oder Selbsttötungswunsch sprechen hinreichend Studien dafür, dass in 90% oder mehr der Fälle vermeidbare Schmerzen, Depressionen oder Verlassenheit maßgeblich sind. Zur Straffreiheit der Tötung auf Verlangen oder zur Beihilfe zur Selbsttötung genügt zudem nicht das bloße Verlangen des Patienten, vielmehr muß nach ärztlicher Beurteilung der Wunsch

---

2   ZfL 2010/2, 38-49: Verfassungsrechtliche Grundfragen des Schutzes Dementer
3   Die Abgabe soll nicht durch Ärzte erfolgen, sondern staatlicherseits durch das Bundesinstitut für Arzneimittel und Medizinprodukte (BfArM).
4   So die Rechtsauffassung in England, Frankreich, Österreich, Polen, Portugal, Spanien.
5   http://www.cmaj.ca/content/189/3/E101.abstract. Zugegriffen: 06. März 2017.

nachvollziehbar sein. Somit hängt die Tötung vom Arzt-Urteil ab: Fremdbestimmung.

Welch neue Diskussionen zur Selbstbestimmung mögen noch in Aussicht stehen? Etwa – dank der Versprechungen des vereinfachten Genome-Editing-Verfahrens CRISPR/Cas9 – um ein Recht, die genetische Ausstattung der eigenen Nachkommen zu bestimmen?

Schon die bisherigen komplexen Fragen stünden vermutlich gar nicht auf der Tagesordnung ohne lange Gewöhnung an das beliebte Argument Selbstbestimmung: zur Rechtfertigung von Abtreibung dank Selbstbestimmung der Frau; zu Diskursen über Suizidassistenz oder Tötung auf Verlangen. Intuitive Zweifel sowie deren Verdächtigung als weltanschaulich begründet oder gar religiöses Vorurteil beleben den Diskurs.

Wer für das ausnahmslose Tötungsverbot mit dem – eher spontanen – Argument eintritt, das Leben sei eben heilig, oder säkularer ausgedrückt: prinzipiell unverfügbar, kommt in Verlegenheit, wenn er das rational begründen, gar beweisen soll. Durchaus namhafte Wissenschaftler wie Peter Singer (Bioethiker), Georg Meggle (Philosoph), Norbert Hoerster (Philosoph und Jurist), die im Falle Schwerleidender, irreversibel Komatöser, Dementer, Behinderter, Ungeborener, je nachdem auch Neugeborener anderer Meinung sind, halten die „Heiligkeit" oder prinzipielle Unverfügbarkeit des Lebens für ein außerwissenschaftliches, meist religiöses Vorurteil – ohne indes ihrerseits die relative Verfügbarkeit des Lebens rational zu begründen.

Rational begründbar, schreibt Anselm Winfried Müller,[6] sei weder die „Heiligkeit" des menschlichen Lebens noch dessen relativer Wert. Vielmehr sei – gerade umgekehrt – der unbedingte Wert des menschlichen Lebens die Grundlage aller ethischen Wertungen und der Maßstab für ihre Richtigkeit.[7] Ohne das unbedingte Verbot, einen Unschuldigen zu töten, gebe es keine kohärente Moral. Auf diesem Boden ist in der Tat die Medizin gewachsen. Zum diesbezüglichen Diskurs A.W. Müller wörtlich: „Wer die fundamentale Ablehnung der Tötungserlaubnis dem Hin und Her der Debatte überlässt, zieht Wurzeln unserer sittlichen Orientierung aus dem Boden, um nachzusehen, ob sie auch gesund sind."[8]

---

6   Müller (1997)
7   Müller (1997), 76-85.
8   Müller (1997), 365.

An rhetorischer Schönfärbung mangelt es in diesem Diskurs nicht, wie das semantische Kunststück zeigt, das schon am 25.4.1991 die Abgeordnete van Hemeldonck im Europaparlament ablieferte: „Was das Menschenleben ausmacht, ist die Würde, und wenn ein Mensch nach langer Krankheit, gegen die er mutig angekämpft hat, den Arzt bittet, sein Leben zu beenden, das für ihn jede Würde verloren hat, und wenn sich der Arzt dann nach bestem Wissen und Gewissen dafür entscheidet, ihm zu helfen und ihm seine letzten Augenblicke zu erleichtern, indem er es ihm ermöglicht, friedlich für immer einzuschlafen, so bedeutet diese ärztliche und menschliche Hilfe (die manche Euthanasie nennen) Achtung vor dem Leben."[9]

Spätestens nach fortgeschrittener Gewöhnung stößt derlei „selbstbestimmte" Praxis auf elementare Fragen wie: Was setzt Selbstbestimmung voraus – abgesehen von psychischer Gesundheit? Wie definieren wir sie? Ist das „Selbst" Subjekt oder Objekt der Bestimmung? Oder beides – womöglich abstrakt getrennt in geistseelisch bestimmendes Subjekt und verfügbares physisches Objekt? Die gebotene Achtung der Gewissensfreiheit kann gewiss nicht in Anspruch genommen werden. Denn Urteile des Gewissens gründen auf dessen Bindung nach außen: an natürliche sowie angeeignete glaubwürdig moralische Regeln. Der Hinweis mag helfen, wenn bloße Wünsche eilfertig mit Berufung aufs Gewissen geäußert werden.

Eine gewagte Behauptung: Ursprünglich mit diesen Fragen und Zweifeln belastet, gäbe es weder den Arztberuf noch die Medizin, wie wir sie seit Hippokrates verstehen. Zugunsten der ihm Anvertrauten band Hippokrates (ca. 460-370 v. Chr.) das Gewissen der Ärzte aus der Schule von Kos bekanntlich an unbedingte Gewissensnormen – nicht des Patienten, sondern des Arztes, wie schon der Satz bezeugt: „Ich werde niemandem ein tödlich wirkendes Gift verabreichen, auch nicht, wenn man mich darum bittet; auch werde ich keiner Frau ein abtreibendes Mittel geben."

Die amerikanische Ethnologin oder Kulturanthropologin Margaret Mead (1901-1978)[10] hielt das hippokratische Ethos für eine kulturelle Revolution. Der hippokratische Paradigmenwechsel sei „einer der Wendepunkte in der Menschheitsgeschichte" gewesen. Aus ihren in jungen Jahren begonnenen Feldstudien unter den Ureinwohner von Samoa sowie den Papuas in Neuguinea folgerte M.

---

9   Müller (1997), 20.

10   Bezugnahme hier auf ihre früheren Arbeiten; spätere Positionen zum Geschlechterverhältnis
     bleiben kritikwürdig.

Mead: „Zum ersten Mal in unserer Geschichte gab es eine klare Trennung zwischen Töten und Heilen. Während der primitiveren Epochen zuvor verschmolzen der Heiler und der Zauberer oder Schamane in ein und derselben Person. Wer die Macht hatte zu töten, hatte auch die Macht zu heilen. Und wer die Macht hatte zu heilen, durfte notwendigerweise auch töten." Mit Hippokrates in Griechenland, erklärte sie, „war der Unterschied endlich klar. Ein Berufsstand diente ausschließlich dem Leben, unter allen Umständen, unabhängig von Rang, Alter oder Bildungsstand – ob es sich um das Leben eines Sklaven, das Leben des Kaisers, das Leben eines Fremden oder das eines behinderten Kindes handelte." Die hippokratische Tradition, fügt Margaret Mead hinzu, sei „ein unbezahlbarer Besitz, den aufs Spiel zu setzen wir uns unmöglich erlauben und leisten können." [11]

Daran gemessen, scheint unser Weg vor Hippokrates zurückzuführen. Schon Christoph Wilhelm Hufeland (1762-1836), ein Großer der deutschen Medizingeschichte, warnte: „Jeder Arzt hat geschworen, nichts zu tun, wodurch das Leben eines Menschen verkürzt werden könnte. (...) Ob das Leben des Menschen ein Glück oder Unglück sei, ob es Wert habe oder nicht – dies geht ihn nichts an. Und maßt er sich einmal an, diese Rücksicht mit in sein Geschäft aufzunehmen, so sind die Folgen unabsehbar. Und der Arzt wird der gefährlichste Mensch im Staate."[12]

Bioethische Grundsätze folgen nicht aus individueller Selbstbestimmung. Sie leiten und prägen grundlegend den Umgang konkreter Personen miteinander: die Arzt-Patient-Beziehung. Es ist eine asymmetrische Beziehung. Den Arztberuf prägt die Hilfesuche verletzlicher, oft verletzter Menschen. Der Arzt bekennt sich zur Hilfeleistung und verspricht sie. Wie zu zeigen bleibt, ist das Arztethos diesem Verhältnis inhärent: Versprechen sind zu halten. Die Arztrolle stieß dem 1968er übertrieben antiautoritären Kampfgeist als generell ärztlicher Paternalismus auf. Für Selbstbestimmung des Arztes gab es keinen Platz. Am Postulat einseitiger Selbstbestimmung des Patienten haftet wohl noch ein Relikt dieses Aufbegehrens.

Im Arztberuf ist Selbstbestimmung Selbstverpflichtung. Die Selbstbestimmung des Arztes ist ans Arztethos gebunden, zu dem er sich bekennt: öffentlich im Gelöbnis bei Berufsbeginn, dann schlicht mit der Berufbezeichnung Arzt sowie persönlich gegenüber jedem, der ihn aufsucht und in Anspruch nimmt.

---

11   Zitiert bei Marker (1991). S. auch: http://h2g2.com/edited_entry/A1103798. Zugegriffen: 04. August 2017.
12   Hufeland (1836), 893-903.

Die Gewissheit, dass sich das ärztliche Berufsethos aus der ärztlichen Tätigkeit selbst ergibt, verdanke ich besonders Edmund D. Pellegrino[13]. Seine Leitgedanken seien kurz skizziert:

Das sittlich verpflichtende Bekenntnis (lat.: professio) definiert den Arztberuf (engl.: profession) Der „Bekenntnisakt des Berufs" sei, so Pellegrino, ein „feierliches Versprechen der Kompetenz[14] und des freiwilligen Eintretens in ein vertragliches Vertrauensverhältnis. So wird er von denen verstanden, denen gegenüber das Bekenntnis erfolgt": als freie Selbstverpflichtung zum Guten für sein Gegenüber – im Falle der Medizin im besten Interesse des Patienten.

N.B.: Die ethisch-bedeutsame Vertrauensbindung im Arzt-Patient-Verhältnis entfällt bei Tätigkeiten in naturwissenschaftlicher Grundlagenforschung oder medizintechnischer Entwicklung (wie auch in Präventiv-, Sozialmedizin, public health[15]). Nach wie vor lohnt der Hinweis, dass Medizin keine Naturwissenschaft ist. Sie nutzt Naturwissenschaft. Naturwissenschaft ist wertfrei. Sie kennt nur Wirkursachen, keine Finalursachen. Sie stellt keine Wozu-Fragen. Seinsgrund der Medizin sind Werte. Gesundheit, Krankheit, Leben, Tod sind Wertbegriffe. Helfen, Heilen, Lindern sind die (moralischen) Leitmotive ärztlichen Handelns, reine Finalursachen mit klarem Wozu. Allerdings trägt die enge Wechselbeziehung zwischen Medizin und Naturwissenschaft wesentlich bei zur Verunklärung ihrer Unterschiede und birgt die Versuchung des Arztes, sich als bloßen Biotechniker zu begreifen. Mindestens für Forschung am Menschen/Patienten hat der Weltärztebund eigene Kriterien aufgestellt.

In die für den Patienten medizinisch gute Entscheidung und ihre Absicherung muß der Arzt den Patienten einbeziehen. Sie ist soweit möglich eine gemeinsame Aufgabe. Patienten experimentellen Risiken um fraglicher Vorteile willen aussetzen, selbst mit Zustimmung des Patienten, verletzt die ärztliche Pflicht, Gutes zu tun und nicht zu schaden. Bei dem für den Patienten Gute sind vier Elemente oder Ebenen zu unterscheiden: 1. die Ebene des fachlich Guten, 2. das Gute, wie es der Hilfsbedürftige für sich sieht, 3. das grundsätzlich für ein erfülltes Menschenleben Gute, 4. das spirituell Gute. Moralische Entscheidungen im Rahmen

---

13   Pellegrino, E.D. (1920-2013), Prof. Dr. med. Dr. h.c. mult. (45 Dres. h.c.), lehrte klinische Medizin sowie Geschichte, Philosophie und Ethik der Medizin an zahlreichen Universitäten der USA. Zahlreiche Ehrenämter, 2005-09 Vorsitzender des President's Council on Bioethics. 11 Bücher, ca. 570 Buch- u. Zschr.-Beiträge, u.a. Pellegrino (2005).

14   Wissenschaftliche Kompetenz, die seine entsprechende Ausbildung voraussetzt.

15   Bekanntlich führte das ideologisch überhöhte Leitmotiv "gesunder Volkskörper" Ärzte schon einmal zur Mitwirkung an höchst unmenschlichen Aktionen.

der beruflichen Tätigkeit sind „richtig", wenn sie der techné des Berufs auf Ebene 1 genügen. Um moralisch „gut" zu sein, müssen sie auch den Anforderungen der anderen Ebenen entsprechen. In der Rangfolge der Ebenen setzt jedermann seine eigenen Prioritäten.

Vom Arzt verlangt ist eine Sensibilität für Präferenzen des Patienten. Er muß anerkennen, daß es sie gibt und dass sie je nachdem wichtig sind. Dann muß er sie gewissenhaft prüfen und beurteilen, ob er darauf eingehen und dabei seine Objektivität und Professionalität integer bleiben kann. Vom Arzt kann nicht verlangt werden, seine persönliche und wissenschaftliche Integrität jeder Patientenvorstellung zu opfern. Das klinisch Gute gegen Ablehnung expressis verbis des Patienten durchzusetzen, ist ihm nicht erlaubt. Das für den Patienten Gute gemäß dessen eigener Sicht setzt das Gewissen des Arztes nicht außer Kraft – weder sein Urteil darüber, was gute Medizin ist, noch seine Einstellung zu Lebensfragen und das spirituelle Wohl für sich selbst und den Patienten.

Selbstbestimmte Gewissensbindung des Arztes an das berufsinhärente Ethos verlangt nach ärztlicher Berufsfreiheit. Ärztliche Berufsfreiheit ist kein Arzt-Privileg, sondern gemeinnütziges Recht. Anspruch auf die Freiheit des Arztes von Fremdbestimmung hat der Patient. Berufsfreiheit ist ein kollektives Gut der Ärzteschaft. Ihr obliegt korporativ die Verteidigung der ärztlichen Berufsfreiheit gegen gesellschaftliche Einmischung und politische Fremdbestimmung. Stärkste Waffe hierzu ist zweifellos das Patienten-Vertrauen zum Arzt und öffentliche Ansehen des Berufstands. Beide gründen in dessen Ethos-Treue und verleihen ihm Autorität zur Abwehr unangemessener Relativierungen, zumal der – seit Hippokrates – grundlegenden Wertschätzung des Lebens.

Aktuelle Auseinandersetzungen um Euthanasie, Abtreibungsboom, PID-Selektion oder Praenatest (de facto im Dienste möglichst umfassender Geburts-Verhinderung von Kindern mit Down-Syndrom) werfen hier zweifellos Fragen auf, die ein konsequentes „Ohne uns!" der Ärzteschaft wohl erspart hätten. A-propos Praenatest: Jérôme Lejeune[16], der 1959 genetisch die Trisomie 21 aufklärte, warnte 1973 in Köln vor missbräuchlichen Entwicklungen im Sinne eines „Chromosomenrassismus".

Eine Nagelprobe dürfte insofern hier genauere Beobachtung sein, ob Gesetzesrecht das ärztliche Berufsethos achtet oder ärztliches Standesrecht tendenziell eher dem Gesetzesrecht folgt. In manch heutigen Gelöbnis-Varianten und Berufsordnungen erscheint das tradierte Berufsethos bereits merklich relativiert. So

---

16   Pädiater u. Genetiker, Paris; s. Lejeune, Gautier, Turpin (1959).

erinnerte etwa an die bekannte hippokratische Gewissensnorm noch 1994 das Gelöbnis der deutschen Ärzteschaft mit dem Satz: „Ich werde jedem Menschenleben von der Empfängnis an Ehrfurcht entgegenbringen".[17] Für die Ärzte des Kammerbezirks Nordrhein wurde aus dem Gelöbnis dieser Satz am 7.9.1994 gestrichen. Es handle sich, so der Kommentar des Rheinischen Ärzteblattes, „um eine im Hinblick auf die Gleichstellung von Mann und Frau überarbeitete" Fassung.[18]

Nach wie vor verbietet die Musterberufsordnung der Bundesärztekammer (Stand 2015) ausdrücklich sowohl die Tötung auf Verlangen als auch die Hilfe zur Selbsttötung.[19] So auch die Berufsordnung der Landesärztekammer Hessens (wie auch Sachsens, wo in Leipzig das BVG am 2.3.2017 das Suizidassistenz-Verbot relativierte). NRW ist geteilt: Lt. AeK Nordrhein *dürfen* Ärzte nicht, lt. AeK Westfalen-Lippe *sollen* Ärzte nicht Hilfe zur Selbsttötung leisten. In den für Bayern und Baden-Württemberg geltenden Berufsordnungen sucht man beide Verbote vergebens. Bemerkenswert: Dort endet § 16 BO: „... haben Sterbenden unter Wahrung ihrer Würde und unter Achtung ihres Willens beizustehen". Hauptkriterium demnach: Selbstbestimmung! Immerhin lieferte Prof. Dr. Frank Ulrich Montgomery, Präsident der Bundesärztekammer, ärztlicher Beihilfe zum Suizid wiederholt eindeutige Absagen und erklärten in Berlin die 17 deutschen Ärztekammerpräsidenten am 12.04.2014 einmütig, alle Ärztinnen und Ärzte in Deutschland „sollen Hilfe beim Sterben leisten, aber nicht Hilfe zum Sterben".[20]

Karin Graßhof, Richterin am Bundesverfassungsgericht und Mitglied des erkennenden Zweiten Senats beim Urteil v. 28.05.1993 zum Schwangerschaftsabbruch, gab am 03.07.1993 ihrer Verwunderung darüber Ausdruck, dass bei der Anhörung vor dem BVerfG die Ärztevertreter maßgebliche Widerstände nicht geltend gemacht hätten. Sie sprach von der „juristischen Spagatübung zwischen Rechtmäßigkeit/Rechtswidrigkeit, zu der das Gericht sich gezwungen sah." Das

---

17   Deutsches Ärzteblatt v. 10.1.1994

18   Rheinisches Ärzteblatt v. 15.10.1994

19   Musterberufsordnung d. Bundesärztekammer 25.10.2015, § 16: „Ärztinnen und Ärzte haben Sterbenden unter Wahrung ihrer Würde und unter Achtung ihres Willens beizustehen. Es ist ihnen verboten, Patientinnen und Patienten auf deren Verlangen zu töten. Sie dürfen keine Hilfe zur Selbsttötung leisten." So auch BO AeK Hessen und Nordrhein, Westfalen-Lippe ersetzt „Sie dürfen keine ..." durch „Sie sollen keine Hilfe zur Selbsttötung leisten". In Bayern (Stand 25.10.2015) und Baden-Württemberg (Stand 21.09.2016) vermisst man Satz 2 und 3 der Muster-BO.

20   http://www.bundesaerztekammer.de/presse/pressemitteilungen/news-detail/aerzte-leisten-hilfe-beim-sterben-aber-nicht-zum-sterben/. Zugegriffen: 05. März 2017)

Problem habe darin bestanden, „dass effektiver Lebensschutz gewährleistet werden soll in der sozialen Wirklichkeit, wie sie sich nun einmal entwickelt hat"[21] „Zu der schwer zu verstehenden Konstruktion", so wörtlich, „dass der Arzt rechtmäßig handeln kann, auch wenn er einen rechtswidrigen Erfolg herbeiführt: Vielleicht dient es dem besseren Verständnis, dass die Straffreiheit für die sogenannten beratenen Abbrüche in den ersten zwölf Wochen voraussetzt, dass ein Arzt den Abbruch vornimmt. Nimmt nicht ein Arzt den Abbruch vor, ist es eine strafbare Handlung (...). Wenn die Frau sich unter den Voraussetzungen der Straffreiheit für den Abbruch entscheidet, hilft ihr der Arzt im Interesse ihrer eigenen Gesundheit. Deshalb ist dem Arzt die Vornahme des Eingriffs erlaubt."[22]

Rechtlich erlaubter Eingriff mit rechtswidrigem Erfolg, so Frau Graßhof. Obwohl gemäß Urteil des Bundesverfassungsgerichts Menschenwürde und das Grundrecht auf Leben ausdrücklich auch die Ungeborenen haben. Art. 2, Abs. 2 GG gilt für jeden; und „jeder" umfasse auch die Ungeborenen.

Ein Kerngedanke des BVerfG-Urteils vom 28.5.1993 ist die Begrenzung der Straffreiheit (beratenen) Schwangerschaftsabbruchs auf Fälle mit andernfalls für die Schwangere erheblichen Belastungen. Weil „unzumutbar", könne hier der Staat die Schwangere nicht bei Strafe zum Austragen der Schwangerschaft verpflichten. Der Gedanke birgt – trotz spontaner Plausibilität und gewinnenden Motivs –, ob beabsichtigt oder nicht, einen Kunstgriff, der zwar das Urteil trägt, aber zum Einspruch einlädt.

Das Urteil erklärt das Austragen einer bestehenden Schwangerschaft de facto zu einer Handlung der Schwangeren (Handlung i.S. actus humanus = willentlicher, zurechnungsfähiger Akt) und im Regelfall zur strafrechtlich gebotenen Handlungspflicht, von der der Staat bei angenommener Unzumutbarkeit dispensiert. Tatsächlich ist das Austragen einer bestehenden Schwangerschaft aber nicht entscheidungsabhängiges Handeln, vielmehr allenfalls Dulden, weil – jenseits medizinisch gravierender Störung jedenfalls – natürlicher Vollzug weiblicher Physiologie. Diesen Wesensvollzug des Frauseins erklärt Schwangerschaftsabbruch auf bloßen Wunsch oder aufgrund beratener „Selbstbestimmung" korrekturbedürftig: ein – gemessen am Menschenbild unter dem Leitwert gleicher Menschenwürde – der Abwertung verdächtiger Vorbehalt der Frau gegenüber.

---

21   Graßhof (1993), 338
22   Graßhof (1993), 337f.

Der Vorbehalt ist – einschließlich seitens Frauen – bis in den öffentlichen Diskurs hinein weithin verbreitet. Wurzelt hier Frau Graßhofs Problem „dass effektiver Lebensschutz gewährleistet werden soll in der sozialen Wirklichkeit, wie sie sich nun einmal entwickelt hat"? Wo liegt dann ein Schlüssel zu Ihrer gewiss aufrichtigen Einschätzung des Urteils als „Spagatübung zwischen Rechtmäßigkeit/Rechtswidrigkeit, zu der das Gericht sich gezwungen sah"? Zwang etwa die Konzentration des Urteils ganz auf den Lebensschutz des ungeborenen Kindes zum Verzicht auf zugleich ausdrückliche Würdigung von Schwangerschaft und Mutterschaft als eine wesenhafte Erfüllung von Frausein?

Nach ärztlichen Berufsordnungen wie nach geltendem deutschem Recht[23] darf niemand gegen sein Gewissen zur Mitwirkung an einer Abtreibung gezwungen werden.[24] Also kein Arzt muss, es besteht keine Verpflichtung. Tötung wird zur persönlichen Gewissensfrage. Politisch genügt eine Anzahl bereitwilliger Ärzte mit permissiv abweichendem Berufsethos. Diese Spaltung der Ärzteschaft ist demnach politisch erwünscht. Ihre gesellschaftliche, mediale, politische Indienstnahme erleben wir heute auch am Lebensende: „Sterbehilfe". Dem ärztlichen Berufsethos widerstreitende Gesetze setzen zudem mit dem üblichen Arztvorbehalt das Patientenvertrauen in die Ärzte voraus. Sie nutzen dieses Vertrauen, nutzen es aus und nutzen es ab.

Der FAZ-Redakteur Georg Paul Hefty beklagte am 8. November 2004 in Düsseldorf hier das Ausbleiben eines Aufstands der Ärzteschaft: „Daß die Ärzteorganisationen keine größeren Anstrengungen unternehmen, diese Rechtsprechung anzugreifen, ist ein ethikrelevantes berufsständisches und gesamtgesellschaftliches Versagen." Und später fügte er noch hinzu: „Wenn die Ärzteschaft nicht aufpaßt, wird ihr eines Tages die moralische Verantwortung für die Funktionsfähigkeit des gesamten Sozialsystems zugeschoben."[25]

„Nur wenn sich die Ärzteschaft", so Christian Hillgruber 2005, „auf ihre überlieferte und bewährte Berufsethik rückbesinnt, die Selbstverpflichtung auf sie erneuert und die Zumutung eines Verrats an ihrem Auftrag geschlossen und entschlossen zurückweist, indem sie sich solchem politischen Ansinnen kollektiv

---

23   Schwangeren und Familienhilfeänderungsgesetz (1995), § 12, 1: „Niemand ist verpflichtet, an einem Schwangerschaftsabbruch mitzuwirken."

24   Musterberufsordnung 2015, § 14, 1: „Ärztinnen und Ärzte können nicht gezwungen werden, einen Schwangerschaftsabbruch vorzunehmen oder ihn zu unterlassen."

25   Hefty, G.P. (2004)

verweigert, können Gesellschaft und Gesetzgeber zu einem Umdenken und Umsteuern gezwungen werden."[26]

Während Deutschland politisch noch behutsam agiert, tobt international im Gesundheitswesen längst politisch ein Kampf um die Aushebelung selbst der Menschenrechte auf Religions- und Gewissensfreiheit. In Frankreich erklärte 1999 die Ministerin für Arbeit und Solidarität Martine Aubry[27], öffentliche Krankenhäuser (dazu gehören auch solche katholischer Orden) hätten selbstverständlich die Dienstleistung Schwangerschaftsabbruch anzubieten, und sie mache sich dafür stark, daß Verweigerer nicht befördert würden.[28] In den USA klagten Bürger bis zum supreme court erfolgreich gegen Bestimmungen in Obamas *Affordable Care Act („Obamacare")*, die die Gewissensfreiheit einschränkten.[29] Hillary Clinton versprach in ihrer ersten Vorwahlkampf-Rede als US-Präsidentschaftskandidatin am 24. April 2015 ihren Einsatz – im Namen reproduktiver Gesundheit und Rechte – für freie Abtreibung in den USA wie weltweit. Es gebe, sagte sie, entgegenstehend verbreitete „tiefsitzende kulturelle Prägungen, religiöse Bekenntnisse und strukturelle Vorurteile. Die müssen geändert werden".[30] Aus nicht wenigen Ländern werden Entlassungen von Ärzten und Krankenschwestern wegen Verweigerung der Mitwirkung an Abtreibung aus Gewissensgründen berichtet. In Deutschland erregte im Februar 2017 das Ausscheiden von Chefarzt und Verwaltungsleiter der Capio Elbe-Jeetzel-Klinik in Dannenberg Aufsehen.[31]

Mit jeglicher Relativierung der ärztlichen Selbstbindung an das dem Beruf inhärente Ethos opfern Ärzte Berufsfreiheit, unterwirft sich die Ärzteschaft der Politik.

---

26 Hillgruber (2005), 176

27 Oberbürgermeisterin von Lille. Als Vorsitzende des Party Socialiste verlor sie 2012 die parteiinterne Stichwahl als Kandidatin für das Präsidentenamt gegen François Hollande.

28 Kathpress v. 17.11.1999

29 s.u.a.: http://www.nytimes.com/2014/07/01/us/hobby-lobby-case-supreme-court-contraception. html. Zugegriffen: 25. August 2015.

30 http://www.lifenews.com/2015/04/24/hillary-clinton-pushes-abortion-in-first-speech-as-candidate-too-many- women-denied-abortion/. Zugegriffen: 25. August 2015.

31 http://www.ndr.de/nachrichten/niedersachsen/lueneburg_heide_unterelbe/Keine-Abtreibungen-mehr-Kritik-an-Klinik-,klinik330.html. Zugegriffen 21.01.2019.

Literaturverzeichnis

Graßhof, K. 1993. Jenseits von Applaus und Schelte. Anmerkungen zum Urteil des BVerfG zu § 218 StGB. In: Das zumutbare Kind. H. Thomas, W. Kluth (Hrsg.), 289-306. Herford: Busse-Seewald

Hefty, G.P. Vom ersten bis zum letzten Tag. Ärztliche Ethik und gesellschaftlicher Wandel, Vortrag beim Symposium der Bundesärztekammer zum 80. Geburtstag ihres Geschäftsführers i.R. Dr. Erwin Odenbach in Düsseldorf (Ärztekammer Nordrhein) am 08. September 2004, unveröffentlichtes Manuskript

Hillgruber, C. 2005. Fremdbestimmung des Arztes durch Politik und Gesetzgeber. In: Ärztliche Freiheit und Berufsethos. H. Thomas (Hrsg.), 155-180. Dettelbach: J.H. Röll

Hufeland, C.W. 1836. Enchiridion medicum oder Anleitung zur medizinischen Praxis. Berlin: Jonas

Lejeune, J. / Gautier, M. / Turpin, R. 1959. Les chromosomes humains en culture de tissus. Comptes Rendus de l'Académie des Sciences 248(4): 602–603

Marker, R. et al. 1991. Euthanasia: A Historical Overview. Maryland Contemp Legal Issues 1991/2: 257-298.

Müller, A.W. 1997. Tötung auf Verlangen – Wohltat oder Untat? Stuttgart: Kohlhammer.

Pellegrino, E.D. 2005. Bekenntnis zum Arztberuf – und was moralisch daraus folgt (eine tugendorientierte Moralphilosophie des Berufs). In: Ärztliche Freiheit und Berufsethos, H. Thomas (Hrsg.), 17-58. Dettelbach: J.H. Röll.